绿色食品申报指南丛书

绿色食品生产中有机肥料制作与施用指南

中国农业大学　中国绿色食品发展中心　编著

中国农业科学技术出版社

图书在版编目（CIP）数据

绿色食品生产中有机肥料制作与施用指南 / 中国农业大学，中国绿色食品发展中心编著． -- 北京：中国农业科学技术出版社，2025.6． -- ISBN 978-7-5116-7467-8

Ⅰ．S141

中国国家版本馆CIP数据核字第2025ER0657号

责任编辑	史咏竹
责任校对	马广洋
责任印制	姜义伟　王思文

出 版 者	中国农业科学技术出版社
	北京市中关村南大街12号　邮编：100081
电　　话	（010）82105169（编辑室）　（010）82106624（发行部）
	（010）82109709（读者服务部）
网　　址	https://castp.caas.cn
经 销 者	各地新华书店
印 刷 者	北京地大彩印有限公司
开　　本	148 mm×210 mm　1/32
印　　张	8.125
字　　数	212千字
版　　次	2025年6月第1版　2025年6月第1次印刷
定　　价	58.00元

◆————— 版权所有·侵权必究 —————◆

《绿色食品生产中有机肥料制作与施用指南》编著人员

总 主 编 刁新育　张志华

主　　编 李　季　陈　倩　李学贤　张　侨　李显军

副 主 编 许　艇　李吉进　王　博　赵方方　杨文佳
　　　　　张陇利　常瑞雪　何博毅

编写人员（排名不分先后）

祁　远　刘莲莲　徐玖亮　营　浩　许俊香
于景鑫　张　馨　李钰飞　李恕艳　王　攀
张　奎　郑　义　刘英杰　刘宝驹　冯明权
李子冉　朱烜劭　姚祎琳　李忠岳　赵永浩
姚　盛　张亚东　杨　烊　盖文婷　王宗英
赵建坤　王雪薇　陈红彬　唐　伟　陈　曦
杨　震　王　晶　陈彦廷　孙玉鑫

序

绿色食品是我国政府推出的重要农产品公共品牌。30多年来，全国绿色食品工作系统认真贯彻落实中共中央、国务院的决策部署，在农业农村部党组的正确领导下，秉承生态环保、安全优质、营养健康的发展理念，大力推进绿色生产，积极倡导绿色消费，构建了一套特色鲜明的农产品质量管理制度，打造了一个有影响力的绿色优质农产品精品品牌，创建了一项蓬勃发展的绿色新兴产业。截至2024年底，全国有效使用绿色食品标志的获证主体数量为31 937家，产品数量为67 807个，建成绿色食品原料标准化生产基地891个，面积2.05亿亩，每年向社会提供绿色食品实物1.2亿吨，为增加绿色优质农产品有效供给，提升我国农产品质量安全水平，示范引领农业绿色发展，助力乡村全面振兴和农业强国建设发挥了积极作用。

绿色食品实施从"土地到餐桌"全程质量控制技术路线，遵循自然生态的发展理念，生产中坚持绿色生态、增施有机肥、化肥减控、农业资源循环利用等原则，在减少化肥施用、净化产地环境、提高养分利用率、保障土壤健康以及维护生物多样性等方面发挥了引领带动作用。优先使用有机肥料，是绿色食品肥料使用准则的核心要求。为进一步规范绿色食品生产中有机肥料的施用，中国绿色食品发展中心组织相关专家编写了《绿色食品生产中有机肥料制作与施用指南》，以更好地指导绿色食品生产企业、基地和农户科学施用有机肥料。

本书系统总结了农业生产中有机肥料的分类、性质及特点，按照《绿色食品 肥料使用准则》（NY/T 394—2023）的原则和要求，详细介绍了绿色食品生产中不同有机肥料制作的方法及其施用技术，对申请使用绿色食品标志的生产主体和农户有很强的指导性，可作为绿色食品生产主体的培训教材或工具书，也可作为绿色食品工作系统的业务指导书，同时，还可为其他农业生产主体提供重要的技术参考。

中国绿色食品发展中心主任

2025年5月

目 录

第一章 绿色食品概述 ·· 1
一、绿色食品概念 ··· 1
二、绿色食品发展成效 ··· 5
三、绿色食品市场发展 ··· 9
四、绿色食品发展前景展望 ·· 14
五、小　结 ·· 22

第二章 绿色食品生产肥料使用 ···································· 24
一、中国农业生产肥料使用现状 ···································· 24
二、绿色食品生产中肥料使用现状 ·································· 27
三、绿色食品生产中肥料使用效益分析 ······························ 36
四、绿色食品生产中肥料使用存在的问题 ···························· 40
五、绿色食品生产中肥料使用标准的发展情况 ························ 41
六、小　结 ·· 51

第三章 有机肥料类型及特点 ······································ 53
一、有机肥料定义 ·· 53
二、有机肥料范围 ·· 53

三、常见有机肥料及其特点 ………………………………… 54
四、有机肥料原料的分类 …………………………………… 65
五、有机肥料原料的性质 …………………………………… 67
六、有机肥料原料的变化趋势 ……………………………… 69

第四章　绿色食品生产用有机肥料原料 …………………… 72
一、绿色食品生产用有机肥料的选择 ……………………… 72
二、绿色食品生产用有机肥料原料的性质 ………………… 76
三、绿色食品生产用有机肥料的原料配比 ………………… 88
四、小　　结 ………………………………………………… 95

第五章　绿色食品生产中有机肥料制作方法 ……………… 96
一、堆　　肥 ………………………………………………… 96
二、沤　　肥 ………………………………………………… 114
三、沼　　肥 ………………………………………………… 124
四、饼　　肥 ………………………………………………… 136
五、绿　　肥 ………………………………………………… 144

第六章　绿色食品生产中有机肥料施用原则及方法 … 155
一、有机肥料科学施用原则 ………………………………… 155
二、基肥及其施用方法 ……………………………………… 158
三、追肥及其施用方法 ……………………………………… 164
四、有机与无机肥料配施方法 ……………………………… 168

第七章 绿色食品主要作物生产施肥方法 ………………… 175
　一、粮食类作物施肥方法 ………………………………… 175
　二、蔬菜类作物施肥方法 ………………………………… 182
　三、果树施肥方法 ………………………………………… 196
　四、茶树施肥方法 ………………………………………… 215

参考文献 ……………………………………………………… 222

附录1　推荐施肥方法中有机氮与无机氮、有机磷与
　　　　无机磷用量的比值 ………………………………… 233

附录2　绿色食品　肥料使用准则 ………………………… 245

第一章
绿色食品概述

一、绿色食品概念

(一) 绿色食品产生的背景

良好的生态环境、安全优质的食品是人们对美好生活追求的重要内容，是人类社会文明进步的重要体现，国际社会历来关注和重视环境保护和食品安全问题。20世纪80年代末90年代初，随着经济发展和生活水平的提高，人们对食品的需求从简单的"吃得饱"向更高层次的"吃得好""吃得安全""吃得健康"转变，同时农业产业开始实现战略转型，向高产、优质、高效方向发展，农业生产和生态环境和谐发展日益受到关注。在这种形势下，农业部[①]农垦部门在研究制定全国农垦经济社会"八五"发展规划时，根据农垦系统得天独厚的生态环境、规模化集约化的组织管理和生产技术等优势，借鉴国际有机农业生产管理理念和模式，提出在中国开发绿色食品。

开发绿色食品的战略构想得到农业部领导的充分肯定和高度重视。1991年，农业部向国务院呈报了《关于开发"绿色食品"的情况和几个问题的请示》。国务院对此作出重要批复（图1-1），明

[①] 中华人民共和国农业部，全书简称农业部。2018年3月，国务院机构改革，将农业部的职责整合，组建中华人民共和国农业农村部，简称农业农村部。

确指出"开发绿色食品对保护生态环境,提高农产品质量,促进食品工业发展,增进人民健康,增加农产品出口创汇,都具有现实意义和深远影响。要采取措施,坚持不懈地抓好这项开创性工作,各有关部门要给予大力支持"。

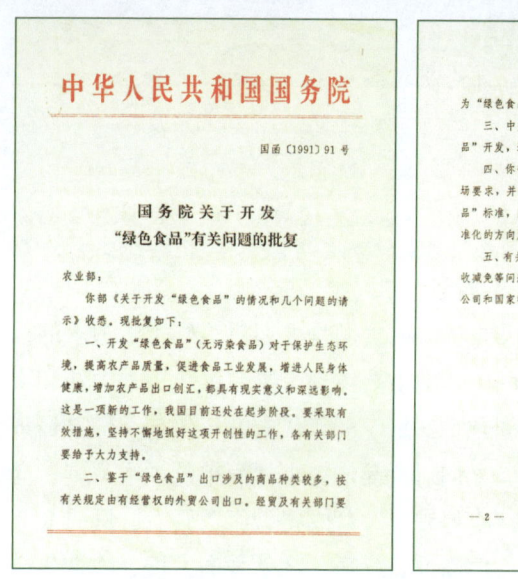
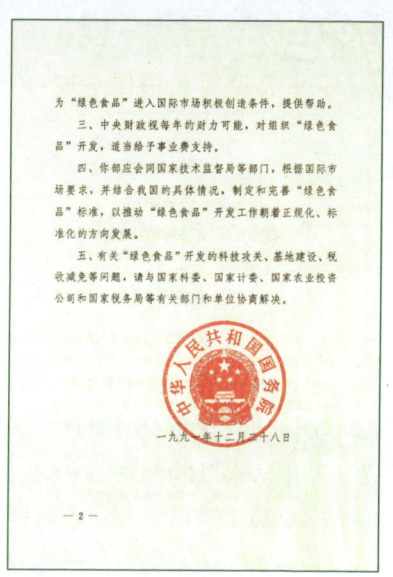

图 1-1 国务院关于开发"绿色食品"有关问题的批复文件

1992年,农业部成立绿色食品办公室,并在国家有关部门的支持下组建了中国绿色食品发展中心,组织开展全国绿色食品开发和管理工作。从此,我国绿色食品事业步入了规范有序、持续发展的轨道。

(二)绿色食品概念、特征和发展理念

绿色食品并不是"绿颜色"的食品,而是对"无污染"食品的一种形象的表述。绿色象征生命和活力,食品维系人类生命,自然资源和生态环境是农业生产的根基,农业是食品的重要来源,由于与生命、资源和环境相关的食物通常冠之以"绿色",将食品冠以

第一章 绿色食品概述

"绿色","绿色食品"概念由此产生,突出强调这类食品出自良好的生态环境,并能给人们带来旺盛的生命活力,所以最初绿色食品特指无污染的安全、优质、营养类食品。随着绿色食品事业的不断发展壮大,制度规范不断健全,标准体系不断完善,其概念和内涵也不断丰富和深化。《绿色食品标志管理办法》规定,绿色食品指产自优良生态环境、按照绿色食品标准生产、实行全程质量控制并获得绿色食品标志使用权的安全、优质食用农产品及相关产品。

绿色食品的概念充分体现了其"从土地到餐桌"全程质量控制的基本要求和安全优质的本质特征,按照"从土地到餐桌"全程质量控制的技术路线,实施"环境有监测、生产有控制、产品有检验、包装有标识、证后有监管"的全程标准化生产模式,推行"以品牌为纽带、企业为主体、基地为依托、农户为基础"的产业发展模式,倡导"保护环境、清洁生产、健康养殖、安全消费"的可持续发展理念,创建了"以技术标准为基础、质量认证为形式、标志管理为手段"的质量保证体系,推行的全程标准化生产和监管模式达到了国际先进水平。通过发展绿色食品,有利于更好地保障农产品质量安全,进一步提升农村产业发展水平,促进农业提质增效,农民持续增收。

(三) 绿色食品标志

1990年,绿色食品事业创建之初,开拓者认为绿色食品应该有区别于普通食品的特殊标识,因此根据绿色食品的发展理念构思设计出了绿色食品标志图形(图1-2)。该图形由3部分构成,上方的太阳、下方的嫩芽和中心的蓓蕾,象征自然生态;颜色为绿色,象征着生

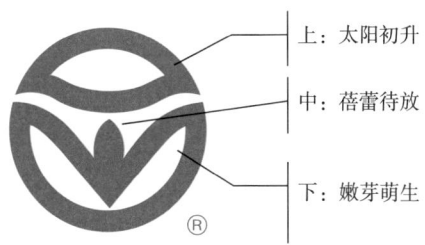

图1-2 绿色食品标志图形

命、农业、环保；图形为正圆形，意为保护。绿色食品标志图形描绘了一幅明媚阳光照耀下的和谐生机，意欲告诉人们绿色食品正是出自优良生态环境的安全、优质食品，同时，还提醒人们要保护环境，通过改善人与自然的关系，创造自然界新的和谐。

  1991年，绿色食品标志经国家工商总局①核准注册，1996年又成功注册成为我国首例质量证明商标，受法律的保护。《中华人民共和国商标法》明确规定，经商标局核准注册的商标为注册商标，包括商品商标、服务商标、集体商标和证明商标；商标注册人享有商标专用权，受法律保护。中国绿色食品发展中心是绿色食品证明商标的注册人。根据《绿色食品标志管理办法》的规定，中国绿色食品发展中心负责全国绿色食品标志使用申请的审查、颁证和颁证后跟踪检查工作。

  证明商标是指由对某种商品或服务具有监督能力的组织所控制，而由该组织以外的单位或者个人使用于其商品或服务，用以证明该商品或服务的原产地、原料、制造方法、质量或其他特定品质的标志。

> **普通商标与证明商标的区别**
> （1）证明商标，注册人必须有检测、监督能力，其他自然人、企业或组织不能注册；对普通商标注册人无此要求。
> （2）申请证明商标，要审查公信力、检测监督能力和《证明商标使用管理规则》；普通商标申请人真实合法就可以。
> （3）证明商标注册人自身不能使用该商标。
> （4）普通商标能不能用，注册人说了算；证明商标使用条件明确公开，达标就能申请使用。

---

① 中华人民共和国国家工商行政管理总局，全书简称国家工商总局。2018年3月，国务院机构改革将其商标管理职责整合，组建中华人民共和国国家知识产权商标局。

目前，中国绿色食品发展中心在国家知识产权局注册的绿色食品图形、文字和英文及其组合共10种形式（图1-3），包括标准字体、字形和图形用标准色都不能随意修改。同时，绿色食品商标已在美国、俄罗斯、法国、澳大利亚、日本、韩国等10个国家以及中国香港地区成功注册。

图1-3 绿色食品标志形式

二、绿色食品发展成效

经过30多年的发展，我国绿色食品从概念到产品，从产品到产业，从产业到品牌，从局部发展到全国推进，从国内走向国际。总量规模持续扩大，品牌影响力持续提升，产业经济、社会和生态效益日益显现，成为我国安全优质农产品的精品品牌，在推动农业标准化生产、提高农产品质量水平、促进农业提质增效、帮助农民增收、保护农业生态环境、推进农业绿色发展等方面发挥了积极的示范引领作用。

（一）创立了一个新兴产业

绿色食品建立了以品牌为引领，基地建设、产品生产、市场流通为链接的产业发展体系，产业发展初具规模，水平不断提高。

截至2023年底，全国有效使用绿色食品标志的企业总数已达30 047家，产品总数已达63 653个（图1-4）。获证主体中包括国家级、省级以及地市县级农业产业化龙头企业7 981家，农民专业合作社8 869家，家庭农场3 641家。获证产品涵盖农林及加工产品、畜禽类产品、水产类产品、饮品类产品以及其他产品共5个大类57个小类1 000多个品种。其中，农林及加工类产品占比81.1%，畜禽类产品占比3.2%，水产类产品占比1.2%，饮品类产品占比11.6%，其他产品占比2.9%（图1-5）。全国共建成绿色食品原料标准化生产基地784个，涉及水稻、玉米、大豆、小麦等百余种区域优势农产品和特色产品，总面积超过1.82亿亩[①]，带动超过2 220万户农户参与基地建设。绿色食品产地环境监测的农田、果园、茶园、草原、林地和水域面积为1.57亿亩。绿色食品发展总量和产品结构情况如图1-4和图1-5所示。

---

① 1亩≈667米^2，全书同。

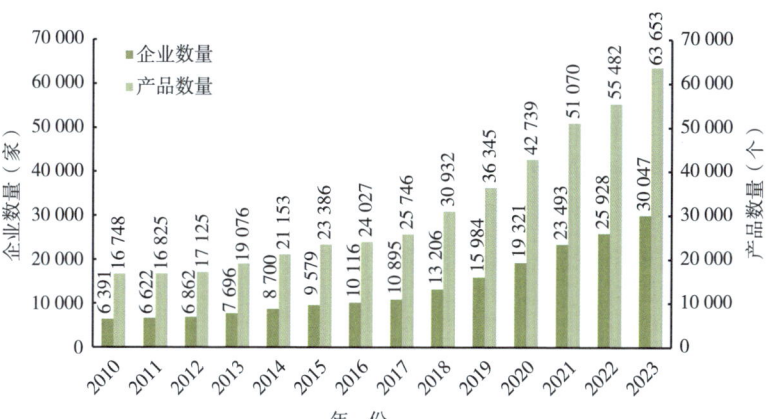

图1-4 2010—2023年有效使用绿色食品标志的企业数量和产品数量

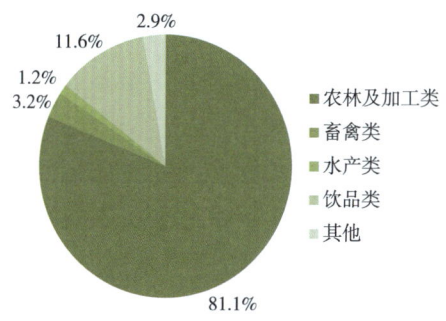

图1-5 2023年绿色食品产品结构

(二)保护了生态环境,促进了农业可持续发展

绿色食品生产要求选择生态环境良好、无污染的地区,远离工矿区以及公路、铁路干线,避开污染源;在绿色食品和常规生产区域之间设置有效的缓冲带或物理屏障,以防绿色食品生产基地受到污染;建立生物栖息地,保护基因多样性、物种多样性和生态系统多样性,以维持生态平衡;通过标准化生产实现减肥减药,在保障产品安全与品质的同时,保证基地具有可持续生产能力,不对环境

或周边其他生物造成污染。

2020年，中国农业大学张福锁院士团队"绿色食品生态环境效应、经济效益和社会效应评价"课题研究结果表明，与常规种植模式相比，2010—2019年的连续10年间采用绿色食品生产模式，化学氮肥平均投入量下降39%，农药使用强度降低60%，作物产量平均提高11%，其中粮食作物、蔬菜类作物及经济作物单产比常规种植分别增加了12%、32%、13%；土壤有机质、全氮、有效磷和速效钾含量分别提高17.6%、14.1%、38.5%和27.1%，并提高了土壤微生物多样性；2010—2019年，累计节肥节药成本684.80亿元，减排温室气体5 558万吨，创造生态系统服务价值32 058.53亿元。绿色食品生产模式在提高资源利用效率、改进耕地质量、提高作物产量、保护和改善生态环境、促进农业可持续发展等方面成效明显。

（三）构建了具有国际先进水平的标准体系

经过30多年的探索和实践，绿色食品从安全、优质和可持续发展的基本理念出发，立足打造精品，满足高端市场需求，创建并落实"从土地到餐桌"的全程质量管理模式，建立了一套定位准确、结构合理、特色鲜明的标准体系，包括产地环境质量标准、生产过程标准、产品质量标准和包装贮运标准等共143项，涵盖了绿色食品产业链中各个环节的标准化要求。绿色食品标准质量安全要求达到国际先进水平，一些安全指标甚至超过欧盟、美国、日本等发达国家与地区水平。绿色食品标准体系为指导和规范绿色食品的生产行为、质量技术检测、标志许可审查和证后监督管理提供了依据和准绳，为绿色食品事业持续健康发展提供了重要技术支撑，同时，也为不断提升我国农业生产和食品加工水平树立了"标杆"。

（四）促进了农业生产方式转变，带动了农业增效、农民增收

绿色食品申请人须能独立承担民事责任，具有稳定的生产基地，因此，发展绿色食品须将一家一户的农业生产集中组织起来，

组成企业组织模式或合作社模式。绿色食品促进了粗放型、散户型、人力化农业生产向规范化、集约化和智能机械化生产转变，不仅保证了农产品的质量，保护了生态环境，还带动了农业增效、农民增收。张福锁院士的调查研究显示，70%以上的绿色食品企业管理者认为发展绿色食品有利于其产品、价格、渠道和营销升级，企业年产值增加50.3%，农户收入增加43%，企业通过发展绿色食品，实现了产品质量不断提升、经济效益稳步增加的"双赢"局面。在产业扶贫工作中，绿色食品也发挥了重要作用，2016—2020年绿色食品累计支持国家级贫困县以及新疆、西藏①等地区的5 154个企业发展了11 351个绿色食品产品。对河北、吉林、河南、湖南、贵州、云南、西藏、甘肃8个省（区）调研的结果显示，发展绿色食品带动贫困地区近56万个贫困户脱贫，户均增收7 000多元。

三、绿色食品市场发展

市场是绿色食品发展的根本动力，是实现绿色食品品牌价值的基本平台。多年来，绿色食品面向国际国内两个市场，加强品牌的深度宣传，加大市场服务力度，搭建多渠道营销体系，不断提升品牌的认知度和公信度，提升品牌的竞争力和影响力，已形成"以品牌引领消费、以消费拓展市场、以市场拉动生产"持续健康发展的良好局面。

（一）绿色食品消费群体调查

经过多年发展，绿色食品已得到公众的普遍认可，消费者对绿色食品品牌的认知度已超过80%，绿色食品已成为我国最具知名度和影响力的品牌之一，满足了人们对安全、优质、营养类食品的

---

① 新疆维吾尔自治区，全书简称新疆；西藏自治区，全书简称西藏。

需求。

根据2020年中国农业大学张福锁院士团队"绿色食品生态环境效应、经济效益和社会效应评价"课题调查研究（以下简称课题调研）数据分析，绿色食品消费者主要集中在收入水平较高的大中型城市，特别是一线、二线和三线城市，课题组挑选北京、上海、广州、深圳、杭州、成都、长沙、郑州、太原和长春10个经济较为发达的城市，随机访问了共计2 043名消费者。受访消费者年龄集中在20~50岁，其中20~39岁消费者占64.96%。该年龄段人群为社会消费主力军，多具有高学历、高品位、高消费需求的消费特征，消费观念较为先进，品牌偏好明显，同时也是购买绿色食品的主要群体（图1-6）。

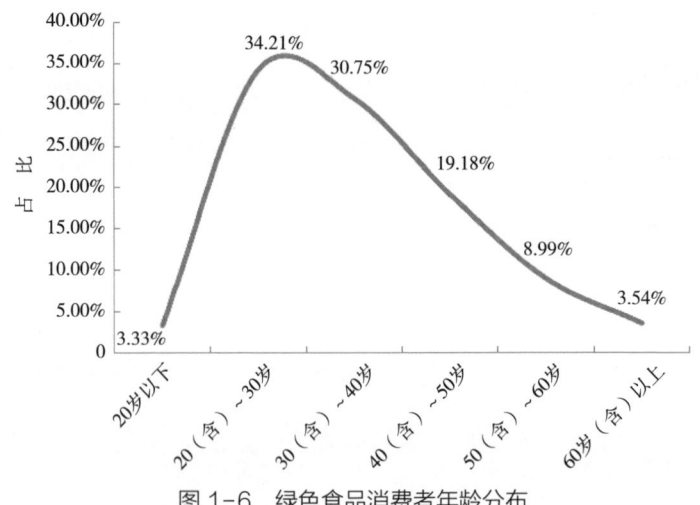

图1-6　绿色食品消费者年龄分布

（二）绿色食品消费动机调查

课题调研发现，消费者主要出于健康安全的考虑而购买绿色食品。在购买过绿色食品的1 417位消费者中，89.5%的消费者是出于健康安全原因，6.4%的消费者是出于营养考虑，只有2.9%的消费者是出于对口感的追求（图1-7）。

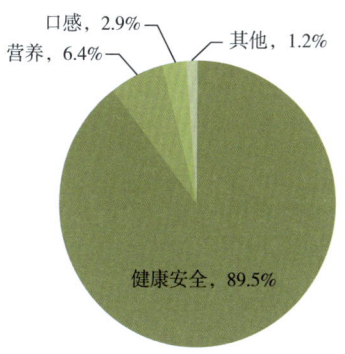

图 1-7　消费者购买绿色食品的动机

在不同年龄段消费者中，50（含）~60岁年龄段消费者购买绿色食品主要是出于健康安全考虑的占比最高，达到96.60%；占比最低的是20岁以下年龄段，但也高达84.80%（图1-8）。由此可见，绿色食品在培养人们健康安全消费观念方面具有重要作用。

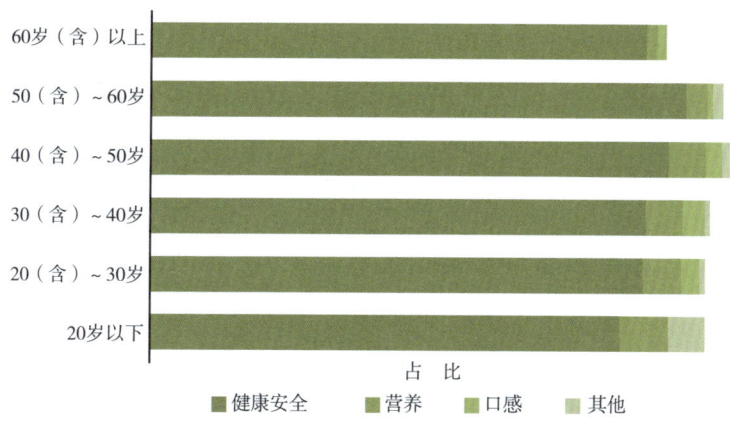

图 1-8　不同年龄段消费者购买绿色食品的动机

（三）绿色食品消费质量安全评价

课题调研中发现，74.52%的消费者对绿色食品的质量评价较高，19.13%的消费者态度不明确，仅有6.35%的消费者认为绿色食品质量与其他食品无明显区别（图1-9）。这表明大多数消费者对绿色食品质量给予了较高评价，认为它优于普通食品。

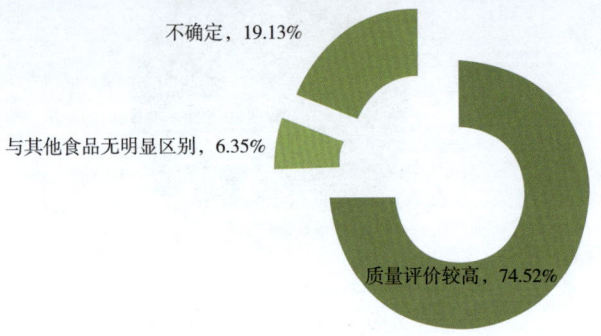

图1-9 消费者对绿色食品质量的评价

按产品分类看，对蔬菜、水果、粮食与食用油、肉蛋海鲜、乳制品与饮料品类绿色食品质量评价较高的消费者比例分别为79.48%、78.44%、72.41%、71.16%、71.08%，反映了大多数消费者对绿色食品的质量、品质和品牌美誉度比较满意（图1-10）。此外，大部分消费者认为绿色食品质量比普通食品质量更高，这也说明绿色食品在质量安全方面得到消费者的广泛认可。

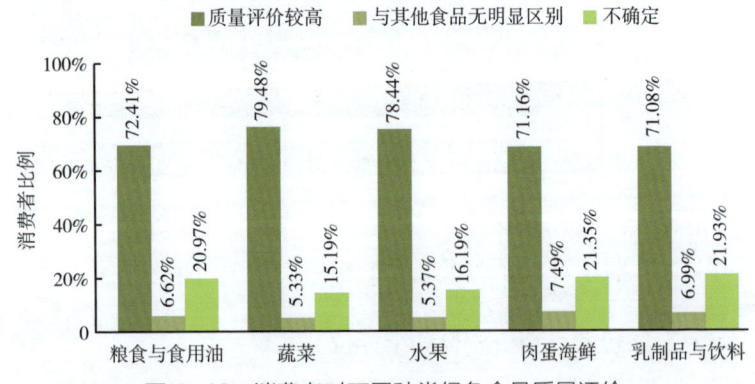

图1-10 消费者对不同种类绿色食品质量评价

(四)绿色食品销售情况

随着人们生活水平的不断提高,以及绿色食品供给能力的不断提升,绿色食品国内外销售额逐年攀升。目前,在国内部分大中城市,绿色食品通过专业营销机构和电商平台进入市场,一大批大型连锁经营企业设立了绿色食品专店、专区和专柜。中国绿色食品博览会已成功举办了22届,吸引了大量国内外的生产商和专业采购商,成为产销对接、贸易合作和信息交流的重要平台(图1-11和图1-12)。

图1-11 第二十二届中国绿色食品博览会在合肥举办

图1-12 第二十二届中国绿色食品博览会展区

绿色食品国内销售额从1997年的240亿元,发展到2023年的5 857亿元;出口额从1997年的7 000多万美元,发展到2023年的31.6亿美元(图1-13和图1-14)。

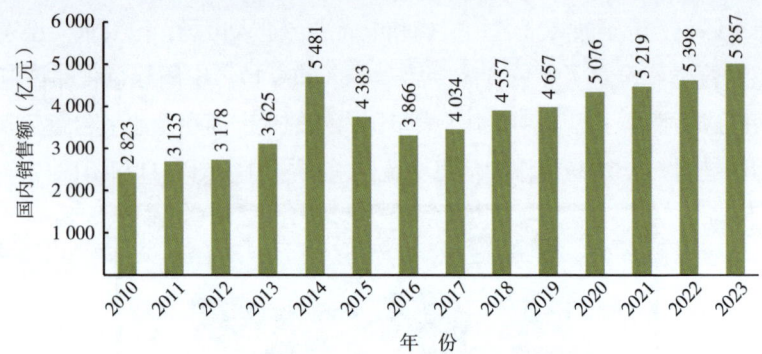

图1-13　2010—2023年绿色食品产品国内销售额

图1-14　2010—2023年绿色食品产品出口额

四、绿色食品发展前景展望

当前,我国农业已进入高质量发展的新阶段。在全面推进乡村振兴、加快建设农业强国战略背景下,绿色食品将迎来新的历史发展机遇。深入贯彻落实中共中央决策部署,准确把握新形势新要求,大力发展绿色食品,对增加绿色优质农产品供给、更好地保障粮食安全、推动农业高质量发展、助力乡村振兴和建设农业强国具有重要意义。

（一）形势要求

1. 发展绿色食品是积极践行大食物观、全面夯实粮食安全根基的必然要求

粮食安全是"国之大者"。党的二十大报告提出"全面夯实粮食安全根基",明确要求树立大食物观,构建多元化食物供给体系。习近平总书记对增加绿色优质农产品供给高度重视,多次强调农产品保供,既要保数量,也要保多样、保质量。大力发展绿色食品,是践行大食物观、落实农产品"三保"的必然要求,有利于提高绿色优质农产品供给保障能力,更好地满足人民群众高品质、多样化食物消费需求,有利于全面夯实粮食安全根基,稳住农业基本盘,事关"国之大者",民之关切。

2. 发展绿色食品是贯彻落实绿色发展理念、推进农业现代化的重要途径

绿色是新发展理念的重要组成部分,生态低碳是中国式农业农村现代化的重要价值取向。党的二十大报告提出"加快发展方式绿色转型,推动形成绿色低碳的生产方式和生活方式"。绿色食品牢固树立和践行"绿水青山就是金山银山"发展理念,坚持走"生态优先、绿色环保"可持续发展道路,推行产地洁净化、生产标准化、投入品减量化、废弃物资源化、产业生态化的绿色发展模式,全链条拓展农业绿色发展空间,进一步推动农业绿色发展、循环发展、低碳发展,形成节约适度、绿色低碳的生产生活方式。作为现代农业的重要模式,绿色食品被誉为"全球可持续农业发展20个最成功的模式之一"。

3. 发展绿色食品是推动农业高质量发展、加快建设农业强国的重要支撑

推动农业高质量发展是建设农业强国的重要目标。习近平总书记在中央农村工作会议上指出，要推动品种培优、品质提升、品牌打造和标准化生产（简称生产"三品一标"），这为新阶段推进农业高质量发展、提升质量效益竞争力提供了路径指引。绿色食品作为产品"三品一标"（绿色食品、有机产品、食用农产品承诺达标合格证和农产品地理标志）的重要力量，采取全程质量控制和全链条标准化的技术路线，推行"质量认证与过程管理、品牌打造与产业发展相结合"的运作模式，与生产"三品一标"目标一致、路径相通，必将在统筹推进两个"三品一标"、推动农业高质量发展、加快建设农业强国中发挥重要的示范带动作用。

4. 发展绿色食品是全面推进乡村振兴、促进农民增收致富的重要抓手

乡村振兴战略是新时代"三农"工作的总抓手。产业振兴是乡村振兴的重中之重，也是开展实际工作的切入点。绿色食品以市场需求为引领，聚焦乡村优质资源，赋能乡村特色产业，推动产业提质升级，促进一二三产业融合，加快把乡村资源优势、生态优势、文化优势转化为产品优势、产业优势，打造城乡联动的产业集群，进一步增强产业韧性和市场竞争力，多渠道拓宽农民增收渠道，让农民从全产业链各环节中分享更多增值收益，实现巩固拓展脱贫攻坚成果同乡村振兴有效衔接，为乡村产业高质高效发展注入新的活力，以产业兴旺推动乡村全面振兴，实现农村宜居宜业、农民富裕富强。

5. 发展绿色食品是加强绿色农产品市场建设、畅通城乡经济循环的重要举措

加快构建以国内大循环为主体、国内国际双循环相互促进的新发展格局,是一项关系"十四五"全局发展的重大战略任务。习近平总书记强调,畅通国内大循环,要坚持扩大内需这个战略基点,以质量品牌为重点,促进消费向绿色、健康、安全发展。2020年我国人均国内生产总值(GDP)超过1万美元,面对城乡居民农产品消费已经从"吃得饱"向"吃得好、吃得营养健康"转变的新形势,亟须对标高品质生活需求,大力培育绿色农产品消费市场,进一步增强消费升级对生产供给和经济增长的拉动作用,更好地满足人民群众对绿色化、优质化、特色化、品牌化农产品的消费需求。

6. 发展绿色食品是引领带动行业发展、推动农业科技进步的重要阵地

科技创新是引领发展的第一动力。绿色食品经过30余年的发展,结合我国国情,灵活运用国际成熟的技术理论,建立了一套行业领先、特色鲜明的绿色产业发展技术体系,依托国内外知名科研院所、高等院校的院士与专家团队,构建了全国性多个产业技术创新战略联盟,在绿色食品综合效益、绿色产业链打造、营养品质功能评价等多个重点领域开展协同技术攻关,促进技术标准推广落地,成为引领带动行业发展、推动农业科技进步的重要阵地。未来,伴随生物技术、装备技术、信息技术等农业科技迅速发展,绿色食品必将以更加科学的技术理念、标准和模式在引领农业科技创新,以及强化农业科技支撑等方面发挥更加重要的作用。

(二)政策支持

发展绿色食品得到党和政府的高度重视和大力支持。习近平总书记在福建工作时就强调:"绿色食品是21世纪的食品,很有市场前景,且已引起各级政府和主管部门的关注,今后要在生产研发、生产规模、市场开拓方面加大力度。"在2017年全国两会上,习近平总书记在参加四川省代表团审议时指出:"要坚持市场需求导向,主攻农业供给质量,注重可持续发展,加强绿色、有机、无公害农产品供给。"

1. 2004年以来，中央一号文件9次明确提出要大力发展绿色食品

2021年 加强农产品质量和食品安全监管，发展绿色农产品、有机农产品和地理标志农产品，试行食用农产品达标合格证制度，推进国家农产品质量安全县创建。

2020年 继续调整优化农业结构，加强绿色食品、有机农产品、地理标志农产品认证和管理，打造地方知名农产品品牌，增加绿色农产品供给。

2017年 支持新型农业经营主体申请"三品一标"认证，加快提升国内绿色、有机农产品认证的权威性和影响力。

2010年 加快农产品质量安全监管体系和检验检测体系建设，积极发展无公害农产品、绿色食品、有机农产品。

2009年 加快农业标准化示范区建设，推动龙头企业、农业专业合作社、专业大户等率先实行标准化生产，支持建设绿色和有机农产品生产基地。

2008年 积极发展绿色食品和有机食品，培育名牌农产品，加强农产品地理标志保护。

2007年 搞好无公害农产品、绿色食品、有机食品认证，依法保护农产品注册商标、地理标志和知名品牌。

2006年 加快建设优势农产品产业带，积极发展特色农业、绿色食品和生态农业，保护农产品品牌。

2004年 开展农业投入品强制性产品认证试点，扩大无公害、绿色食品、有机食品等优质农产品的生产和供应。

2. 绿色食品纳入"十四五"国家级规划

《中华人民共和国国民经济和社会发展第十四个五年规划和二〇三五年远景目标纲要》明确提出，要完善绿色农业标准体系，加强绿色食品、有机农产品和地理标志农产品认证管理。

《"十四五"推进农业农村现代化规划》明确提出"加强绿色食品、有机农产品、地理标志农产品认证和管理，推进质量兴农、绿色兴农"。

《"十四五"全国农业绿色发展规划》将"加强绿色食品、有机农产品、地理标志农产品认证管理"作为提升农业质量效益竞争力的重要措施。

《"十四五"全国农产品质量安全提升规划》将绿色食品、有机产品和农产品地理标志（简称绿色有机地标）作为增加绿色优质农产品供给的主要内容。

3. 新修订的《中华人民共和国农产品质量安全法》增加"绿色优质农产品"表述

2023年1月1日，新修订的《中华人民共和国农产品质量安全法》正式施行。本次修订首次在法律层面增加"绿色优质农产品"表述，是深化农业供给侧结构性改革，实施质量兴农、绿色兴农战略，推进农业全面绿色转型发展的重要举措，有利于更好地满足城乡居民对绿色化、优质化、特色化、品牌化农产品的消费需求。

（三）产业扶持

产业是乡村振兴的重中之重，也是绿色食品发展的根基。习近平总书记强调，要推动乡村产业振兴，紧紧围绕发展现代农业，围绕农村一二三产业融合发展，构建乡村产业体系。近年来，农业农村部会同国家发展改革委、财政部、生态环境部[①]等部门，深入贯彻落实习近平生态文明思想，以绿色发展理念为引领，加强政策指导，加大支持力度，加快农业生产方式绿色转型，推进绿色生态循环农业产业化发展，以产业振兴带动乡村全面振兴。

---

① 中华人民共和国国家发展和改革委员会，全书简称国家发展改革委；中华人民共和国财政部，全书简称财政部；中华人民共和国生态环境部，全书简称生态环境部。

1. 顶层设计

2016年11月,十八届中央全面深化改革领导小组第二十九次会议审议通过了《建立以绿色生态为导向的农业补贴制度改革方案》,首次提出建立以绿色生态为导向、促进农业资源合理利用与生态环境保护的农业补贴政策体系和激励约束机制,由此拉开了农业绿色转型的序幕。2017年9月,中共中央办公厅、国务院办公厅印发《关于创新体制机制推进农业绿色发展的意见》,作为党中央第一个关于农业绿色发展的纲领性文件,明确指出要创新有利于增加绿色优质农产品供给、降低资源环境利用强度、促进农民就业增收的体制机制,并提出制定农业循环低碳生产制度、农业资源环境管控制度和完善农业生态补贴制度,为农业绿色转型政策体系构建了基本框架。2019年6月,国务院印发《关于促进乡村产业振兴的指导意见》,指出推动种养业向规模化、标准化、品牌化和绿色化方向发展,延伸拓展产业链,增加绿色优质农产品供给,不断提高产业质量效益和竞争力,鼓励地方培育品质优良、特色鲜明的区域公用品牌,引导企业与农户共创企业品牌,培育一批"土字号""乡字号"产品品牌。2021年2月,国务院印发《关于加快建立健全绿色低碳循环发展经济体系的指导意见》,指出鼓励发展生态种植、生态养殖,要将加强绿色食品、有机农产品认证和管理作为主要举措,完善循环型农业产业链条,持续推进农业绿色低碳循环发展。2024年8月,中共中央、国务院印发《关于加快经济社会发展全面绿色转型的意见》,从国家层面首次对全面绿色转型进行系统部署,明确提出推动农业农村绿色发展,培育乡村绿色发展新产业新业态。

2. 体系建设

2017年5月,中共中央办公厅、国务院办公厅印发《关于加快构建政策体系 培育新型农业经营主体的意见》,提出为新型农业经营主体发展"三品一标"创造政策、法律、技术、市场等环境和条件，特别针对突出困难，会同有关部门重点在金融、保险、用地等方面加大政策创设力度，引导新型农业经营主体多元融合发展、多路径提升规模经营水平、多模式完善利益分享机制以及多形式提高发展质量。中央财政安排补助资金14亿元专门用于支持合作社和联合社，重点支持制度健全、管理规范、带动力强的国家示范社，发展绿色生态农业，开展标准化生产，突出农产品加工、产品包装、市场营销等关键环节，进一步提升自身管理能力、市场竞争能力和服务带动能力。此外，按照《关于创新体制机制推进农业绿色发展的意见》有关部署，加快支撑农业绿色发展的体系建设和创新步伐，农业农村部印发《农业绿色发展技术导则（2018—2030）》，发布重大引领性农业绿色环保技术，遴选推介100项优质安全、节本高效、生态友好的主推技术，全面构建了以绿色为导向的农业技术体系。会同国家发展改革委、科技部[①]等7部门，评估确定了80个国家农业可持续发展示范区（农业绿色发展先行区）。充分挖掘乡村"土特产"资源以及生态涵养、健康养生等方面的价值功能，促进一二三产业融合，形成"农业+"多业态发展态势，实施乡村休闲旅游精品工程，挖掘各地绿色生态发展的典型经验，示范带动各地发展现代绿色生态农业，增加绿色优质农产品供给，为提高乡村产业发展质量效益竞争力提供了重要支撑。

3. 政策投入

2017年以来，农业农村部会同财政部立足区域优势资源，累计安排中央财政资金超过300亿元，支持建设优势特色产业集群、国家现代农业产业园和农业产业强镇，建设标准化绿色原料基地，推进绿色质量标准体系构建，打造了一批在全国乃至全球有影响力的

---

① 中华人民共和国科学技术部，全书简称科技部。

绿色生态乡村产业发展集群，对周边生态产业发展起到示范引领作用。中国农业发展银行切实加大对各类涉农园区和农村一二三产业融合发展的支持力度，有力助推了乡村全面振兴和城乡融合发展。截至2021年4月，共支持各类涉农园区项目300个，贷款余额694.58亿元。2019—2021年，中央财政累计安排农田建设补助资金2 160.67亿元，支持地方开展高标准农田和农田水利建设，主要用于土地平整、土壤改良、灌溉排水与节水设施、田间机耕道、农田防护与生态环境保持、农田输配电等建设内容。其中，2021年安排安徽省农田建设补助资金43.3亿元，比2020年增加12.78亿元。农业农村部会同有关部门加强政策支持、技术指导，"十三五"期间累计支持723个县（市）整县（市）推进畜禽粪污资源化利用，实现了585个畜牧大县（市）全覆盖。农业农村部会同生态环境部印发《关于进一步明确畜禽粪污还田利用要求　强化养殖污染监管的通知》，有力推动了绿色生态循环农业发展。

五、小　结

回顾绿色食品事业发展历程，20世纪80年代末90年代初，我国农业发展状况是刚刚解决温饱，发展水平低，解决10多亿人的吃饭问题是头等大事。那时，绿色食品事业的开拓者顺应时代浪潮，准确把握人民对食品安全的需求，抓住国家农业转型发展的战略机遇，提出发展安全、优质、无污染的食品，这就是"绿色食品"最初的概念。正如绿色象征着生命、健康和活力，也象征着环境保护和农业，"出自优良生态环境，带来强劲生命活力"是绿色食品健康和活力的充分体现。开发绿色食品是人类注重保护生态环境的产物，是社会进步和经济发展的产物，也是人们生活水平提高和消费观念改变的产物，是一项超前、开创性的工作，也是和我国农村改

第一章
绿色食品概述

革发展相伴随的一项有意义的工作。

30多年来，绿色食品作为一项贯穿农业全面升级、农村全面进步、农民全面发展的系统工程，有效保护了我国农业资源环境，提升了农产品质量安全水平，促进了农业增效、农民增收，加快了农业农村现代化的步伐。特别是新时代十年，绿色食品发展高度契合国家生态文明建设、农业供给侧结构性改革、"质量兴农、绿色兴农、品牌强农"、产业扶贫以及乡村振兴等时代发展主题，始终坚持以人民为中心的服务宗旨，主动融入农业农村工作大局，充分发挥了农产品精品品牌的引领示范作用和农业供给侧结构性改革的积极推动作用，不断满足城乡居民对高品质、多样化农产品消费结构升级的需求。作为引领绿色生产、绿色消费的优质农产品主导品牌，助力乡村振兴、农民增收的新兴产业以及推进质量兴农、农业现代化的重要力量，绿色食品彰显出更加强劲的生命活力和更加广阔的发展前景。

回顾历史，催人奋进，展望未来，重任在肩。党的二十大擘画了全面建成社会主义现代化强国、以中国式现代化全面推进中华民族伟大复兴的宏伟蓝图，作出了全面推进乡村振兴、到2035年基本实现农业现代化、到21世纪中叶建成农业强国的战略部署。党的二十届三中全会紧紧围绕推进中国式现代化目标，对进一步全面深化改革进行了系统部署，明确了下一步农村改革的重点任务和战略举措，这为新征程上奋力推进以绿色有机地标为主体的绿色优质农产品事业高质量发展指明了新的方向，提供了重要遵循。未来，作为满足人们对美好生活需要的重要支撑，推动农业高质量发展的重要途径，以及推进乡村振兴的重要抓手，绿色食品必将成为农业绿色发展的标杆，品牌农业发展的主流，在全面推进乡村振兴，加快建设农业强国，实现农业强、农村美、农民富中展现更大作为，发挥更大作用。

第二章
绿色食品生产肥料使用

一、中国农业生产肥料使用现状

肥料用来调节植物营养并培肥改土,是重要的农业生产投入品,作为粮食的"粮食",对粮食增产的贡献率达40%以上。施肥是增产的重要措施,只有满足作物对营养的需求才能取得丰收。肥料的使用不仅是高产的保证,在一定程度上还决定着产品的品质及生态环境质量。为此,科学合理地使用肥料是高产、优质、高效、可持续农业中必不可少的生产措施。

纵观我国历史长河,很长时期都处于农业大国的地位,农业劳动人民用自己的智慧与实践获得了用肥养地的知识,例如,西汉的《礼记》和《氾胜之书》、西晋的《广志》、北魏的《齐民要术》、南宋的《陈旉农书》、明代的《农政全书》《天工开物》等著作均提到了肥料的使用,但这些典籍中提及的主要是有机肥料,直到20世纪初,在现代农业生产技术的传播以及科学技术发展的影响下,我国的化肥产业得以迅速发展。我国的化肥种类从新中国成立前只有硫酸铵一种,到2024年上半年共有940个产品取得了肥料登记证书,包括氮肥、磷肥、钾肥等传统肥料,以及缓控释肥、水溶肥、微生物肥等新型肥料。

我国农业化肥施用量一直处于较高水平,据联合国粮食及农业组织（FAO）统计，2022年，我国农业氮肥生产量为2 563万吨、磷肥生产量为1 289万吨、钾肥生产量为413万吨，氮肥施用量为2 456万吨、磷肥施用量为986万吨、钾肥施用量为898万吨，肥料生产量和使用量均为世界第一（图2-1和图2-2）。2022年，中国的单位面积肥料总用量为335千克/公顷，是世界平均水平的2.9倍，其中，单位面积氮肥用量191千克/公顷、磷肥用量75千克/公顷、钾肥用量69千克/公顷，而美国的单位面积肥料总用量仅为106千克/公顷，低于世界平均水平（图2-3）。

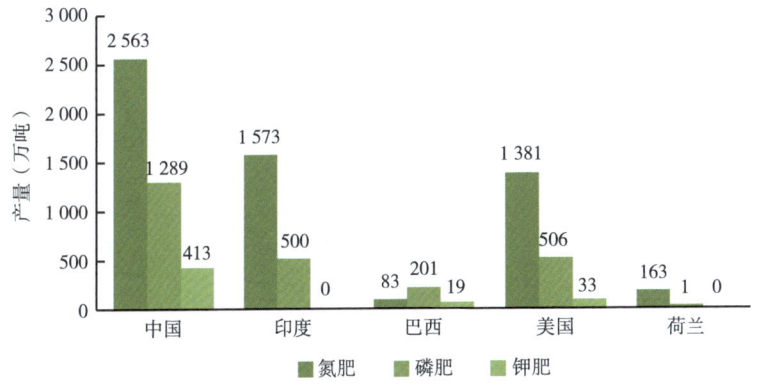

图2-1 2022年不同国家肥料生产量

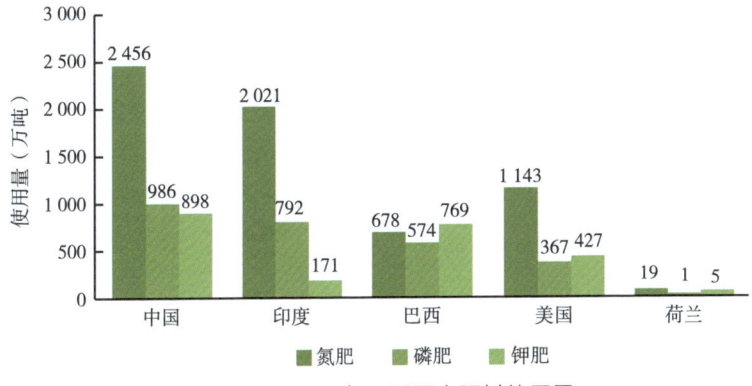

图2-2 2022年不同国家肥料使用量

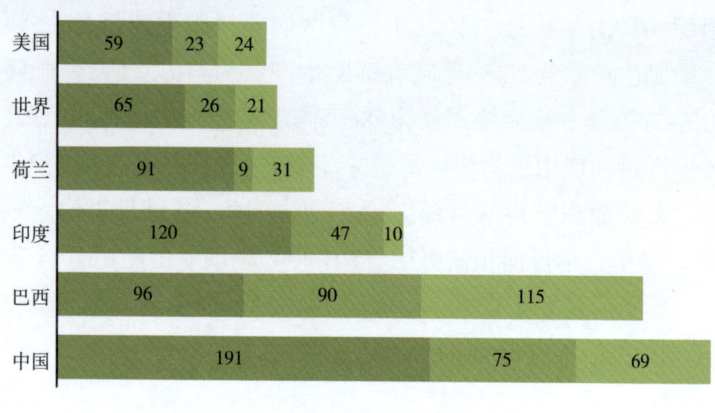

图 2-3　2022 年不同国家单位面积化肥用量

我国农业生产是典型的"增肥低增产"类型，1980—2014年，我国粮食总产量增长了90%，但是化肥消费量增长了180%，过剩氮肥的排放量同样增加了240%。我国氮肥利用率仅为30%~35%，磷肥利用率为10%~25%，钾肥利用率为35%~50%，这些数值远低于欧美发达国家60%~70%的水平，我国付出了更高的资源环境代价获得粮食安全。肥料利用率低的主要原因：一是施肥方式不合理，表施撒施等施肥方式的肥料利用率相较深施会显著降低10%~30%；二是使用肥料种类不合理，土壤酸碱度、水分含量和有机质含量等会影响肥料利用率，例如，酸性土壤会使肥料中的元素被土壤固定，以至于不能被植物吸收利用；三是不合理的田间管理模式会导致肥料利用率低下。在农业化肥施用量逐年增加、农业可持续发展受到严重威胁的背景下，国家"十二五"规划和"十三五"规划均将化肥施用减量列为工作重点。

近年来，我国农用化肥施用量呈现持续下降趋势，这表明我国在推动农业绿色发展、减少化肥过量使用方面取得了积极进展。虽然化肥施用量总体在下降，但传统化肥（如氮肥、磷肥、钾肥等）仍然是农业生产中的重要肥料类型。随着农业绿色发展的推进，新型肥料（如有机肥、生物肥料等）的使用量逐渐增加。这些肥料具有改善土壤结构、提高土壤肥力、减少环境污染等优点，逐渐受到农民和农业企业的青睐。

二、绿色食品生产中肥料使用现状

绿色食品是指产自优良生态环境、按照绿色食品标准生产、实行全程质量控制并获得绿色食品标志使用权的安全、优质食用农产品及相关产品。这一概念是由农业部在20世纪90年代初提出的，旨在推广环保、健康、安全的食品生产方式，满足消费者对高质量食品的需求。在农业农村部和各级政府的积极推动下，在市场需求的拉动下，我国绿色食品产业保持稳步发展，取得了斐然成就。绿色食品发展战略正式实施以来，我国绿色食品事业不仅极大丰富了居民的"菜篮子"和"米袋子"，着力提高了农产品安全品质，而且有力促进了农民增收和农业转型。截至2023年底，全国共有绿色食品企业30 047家，产品63 653个，其中，2023年新增绿色食品企业12 706家，产品25 616个，国内年销售额5 856亿元。全国共建成784个绿色食品原料标准化生产基地，包含水稻、玉米、大豆等百余种地区优势农产品，带动2 220万户农户发展。绿色食品品牌影响范围已从国内扩大到国际，其商标已在日本、美国、俄罗斯等10个国家和中国香港地区注册，丹麦、澳大利亚、加拿大等国家已开发了一批绿色食品。绿色食品的推广对于促进农业可持续发展、保护生态环境、提高人民生活质量具有重要意义。它引导农民采用环保的生产方式，减少化肥和农药的使用量，保护土地资源和水资源；同时，绿色食品也满足了消费者对健康、安全食品的需求，提高了人民的生活品质。

绿色食品的产地必须具备良好的生态环境，包括清洁的空气、水源和土壤，以确保产品不受污染。绿色食品的生产过程需要遵循绿色食品标准，严格控制化肥、农药等化学物质的使用量，推广使用生物防治等环保措施，确保产品的安全性。因此在绿色食品生产中，肥料的选择至关重要。随着绿色农业和可持续发展理念的深入，绿色食品肥料逐渐成为主流。绿色食品肥料种类繁多，包括生物肥料、有机肥料等，这些肥料具有环保、高效、安全等特点，能够满足绿色食品生产的需求。

生物肥料种类繁多，根据其制品中特定的微生物种类可以分为细菌肥料、放线菌肥料（如抗生菌类）、真菌类肥料（如菌根真菌类）、固氮蓝藻肥料等。此外，还有生物有机肥、秸秆腐熟剂、海藻肥、微生物菌剂、果壳堆肥剂等多种类型。生物肥料在绿色食品生产中发挥着重要作用，能促进作物生长和土壤健康。随着微生物学和生物技术的进步，生物肥料的研发和改良取得了显著成果。新型生物肥料产品不断涌现，具有高效、环保、安全等特点，能够更好地满足绿色食品生产的需求。

有机肥料是动植物残体或排泄物等经过加工处理后的产物，具有养分全面、肥效持久、能改善土壤结构等优点。在绿色食品生产中，有机肥料被广泛使用。它们不仅为作物提供必要的养分，还能改善土壤环境，提高土壤肥力。

根据图2-4可以看出，黑龙江省水稻绿色种植模式下，化学氮肥施用量平均为62.4千克/公顷，有机氮肥施用量平均为83.47千克/公顷；普通种植模式化学氮肥施用量平均为131千克/公顷，有机氮肥施用量平均为12.25千克/公顷。绿色种植模式化学磷肥施用量平均为10.97千克/公顷，有机磷肥施用量平均为32.95千克/公顷；普通种植模式化学磷肥施用量平均为28.29千克/公顷，有机磷肥施用量平均为3.58千克/公顷。绿色种植模式化学钾肥施用量平均为10.47千克/公顷,有机钾肥施用量平均为54.71千克/公顷;普通种植模式化学钾肥施用量平均为47.77千克/公顷,有机钾肥施用量平均为9.22千克/公顷。

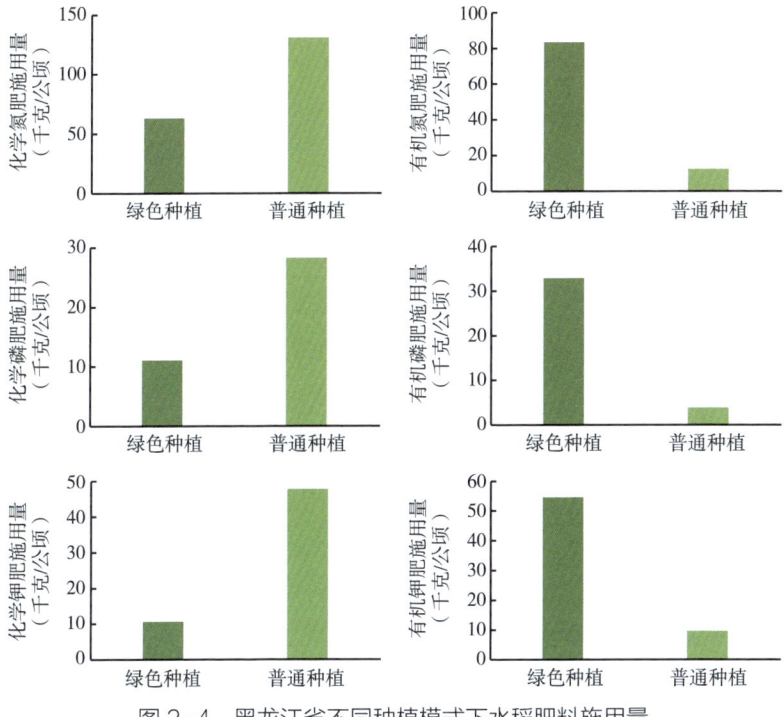

图2-4 黑龙江省不同种植模式下水稻肥料施用量

根据图2-5可以看出,黑龙江省小麦绿色种植模式下,化学氮肥施用量平均为79千克/公顷,有机氮肥施用量平均为99.2千克/公顷;普通种植模式化学氮肥施用量平均为87.1千克/公顷,有机氮肥施用量平均为13.1千克/公顷。绿色种植模式化学磷肥施用量平均为23.5千克/公顷,有机磷肥施用量平均为39.2千克/公顷;普通种植模式化学磷肥施用量平均为36.3千克/公顷,有机磷肥施用量平均为2.9千克/公顷。绿色种植模式化学钾肥施用量平均为4.6千克/公顷，有机钾肥施用量平均为62.2千克/公顷；普通种植模式化学钾肥施用量平均为27.4千克/公顷，有机钾肥施用量平均为8.2千克/公顷。

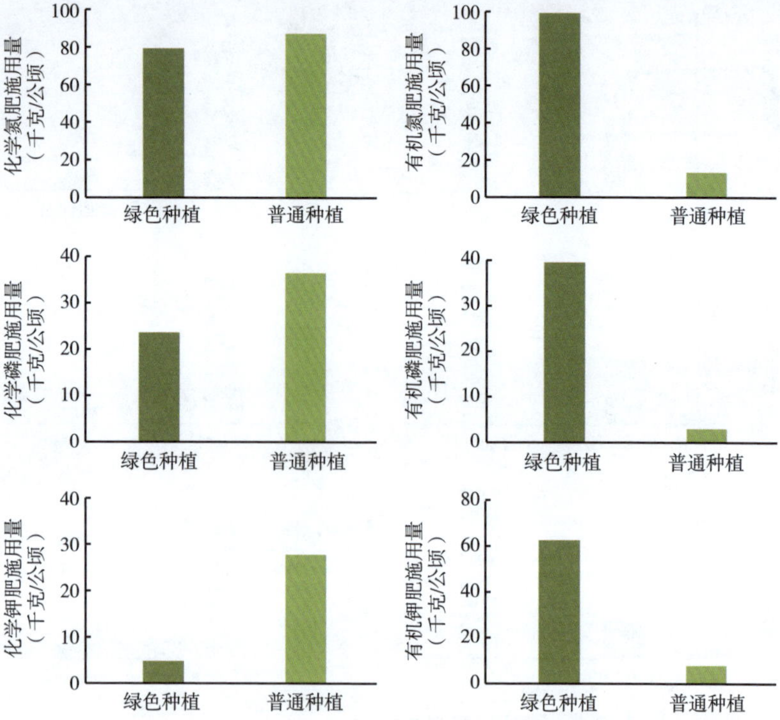

图 2-5 黑龙江省不同种植模式下小麦肥料施用量

根据图2-6可以看出，黑龙江省玉米绿色种植模式下，化学氮肥施用量平均为70.5千克/公顷，有机氮肥施用量平均为95.7千克/公顷；普通种植模式化学氮肥施用量平均为142.3千克/公顷，有机氮肥施用量平均为18.7千克/公顷。绿色种植模式化学磷肥施用量平均为17.9千克/公顷，有机磷肥施用量平均为37.8千克/公顷；普通种植模式化学磷肥施用量平均为31.7千克/公顷,有机磷肥施用量平均为5.6千克/公顷。绿色种植模式化学钾肥施用量平均为27.4千克/公顷,有机钾肥施用量平均为62.7千克/公顷;普通种植模式化学钾肥施用量平均为33千克/公顷,有机钾肥施用量平均为13.3千克/公顷。

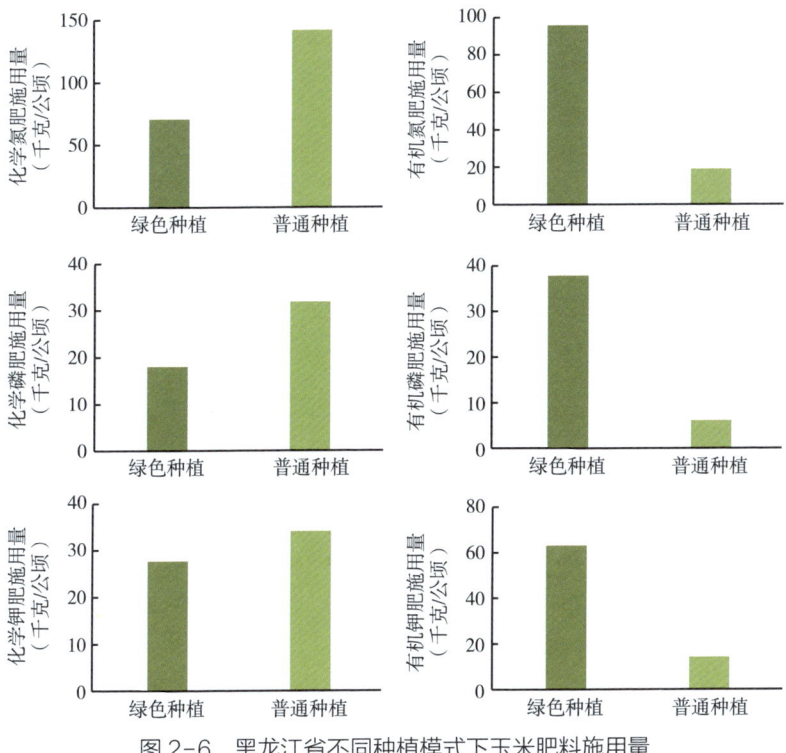

图2-6 黑龙江省不同种植模式下玉米肥料施用量

根据图2-7可以看出,山东省小麦绿色种植模式下,化学氮肥施用量平均为162.9千克/公顷,有机氮肥施用量平均为202.7千克/公顷;普通种植模式化学氮肥施用量平均为222千克/公顷,有机氮肥施用量平均为28.4千克/公顷。绿色种植模式化学磷肥施用量平均为21.2千克/公顷，有机磷肥施用量平均为80千克/公顷；普通种植模式化学磷肥施用量平均为53.8千克/公顷，有机磷肥施用量平均为8.9千克/公顷。绿色种植模式化学钾肥施用量平均为99.1千克/公顷，有机钾肥施用量平均为132.9千克/公顷；普通种植模式化学钾肥施用量平均为71.3千克/公顷，有机钾肥施用量平均为25.5千克/公顷。

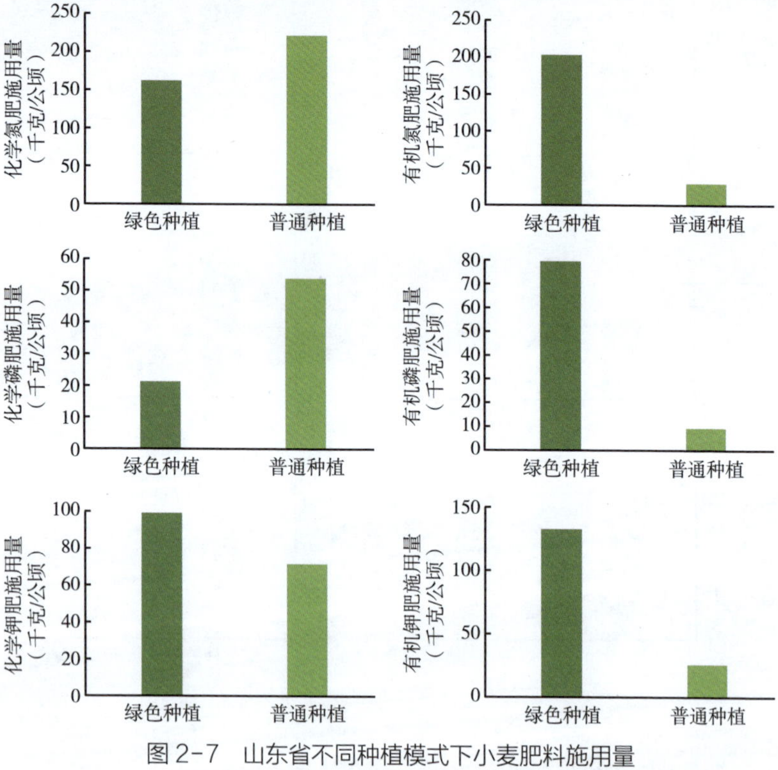

图2-7　山东省不同种植模式下小麦肥料施用量

根据图2-8可以看出，山东省玉米绿色种植模式下，化学氮肥施用量平均为157.6千克/公顷，有机氮肥施用量平均为260千克/公顷；普通种植模式化学氮肥施用量平均为208.4千克/公顷，有机氮肥施用量平均为13千克/公顷。绿色种植模式化学磷肥施用量平均为18千克/公顷,有机磷肥施用量平均为102.6千克/公顷;普通种植模式化学磷肥施用量平均为34千克/公顷,有机磷肥施用量平均为3.4千克/公顷。绿色种植模式化学钾肥施用量平均为81.9千克/公顷,有机钾肥施用量平均为170千克/公顷;普通种植模式化学钾肥施用量平均为57.6千克/公顷,有机钾肥施用量平均为12.5千克/公顷。

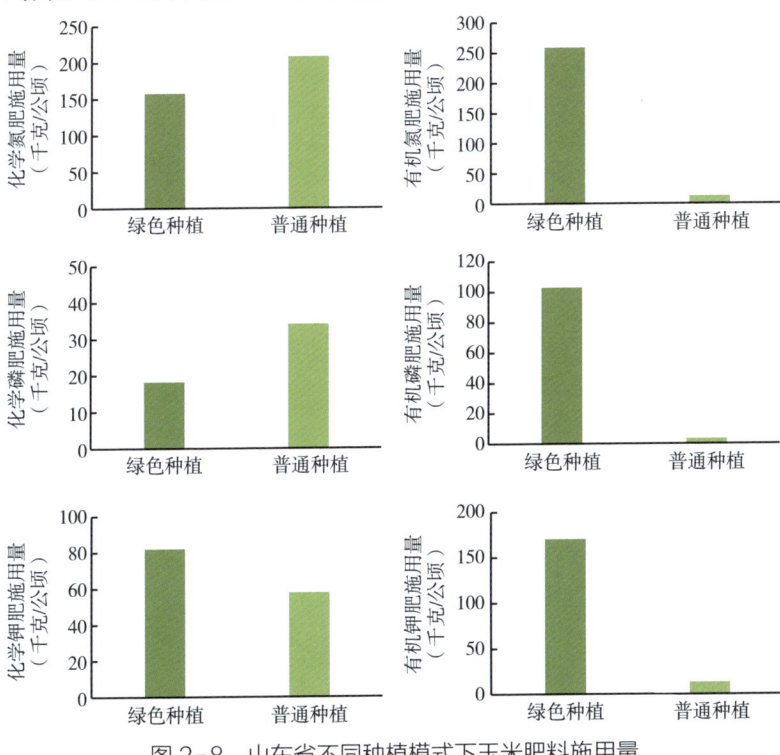

图2-8 山东省不同种植模式下玉米肥料施用量

除了粮食作物,绿色种植模式和普通种植模式间的施肥差异也存在于蔬菜水果作物中。根据图2-9可以看出,山东省番茄在绿色种植模式下,化学氮肥施用量平均为122.9千克/公顷,有机氮肥施用量平均为373.4千克/公顷；普通种植模式化学氮肥施用量平均为475.7千克/公顷，有机氮肥施用量平均为242.8千克/公顷。绿色种植模式化学磷肥施用量平均为56.1千克/公顷，有机磷肥施用量平均为147.4千克/公顷；普通种植模式化学磷肥施用量平均为161.4千克/公顷，有机磷肥施用量平均为87.9千克/公顷。绿色种植模式化学钾肥施用量平均为149.6千克/公顷，有机钾肥施用量平均为244.7千克/公顷；普通种植模式化学钾肥施用量平均为359.2千克/公顷，有机钾肥施用量平均为178.9千克/公顷。

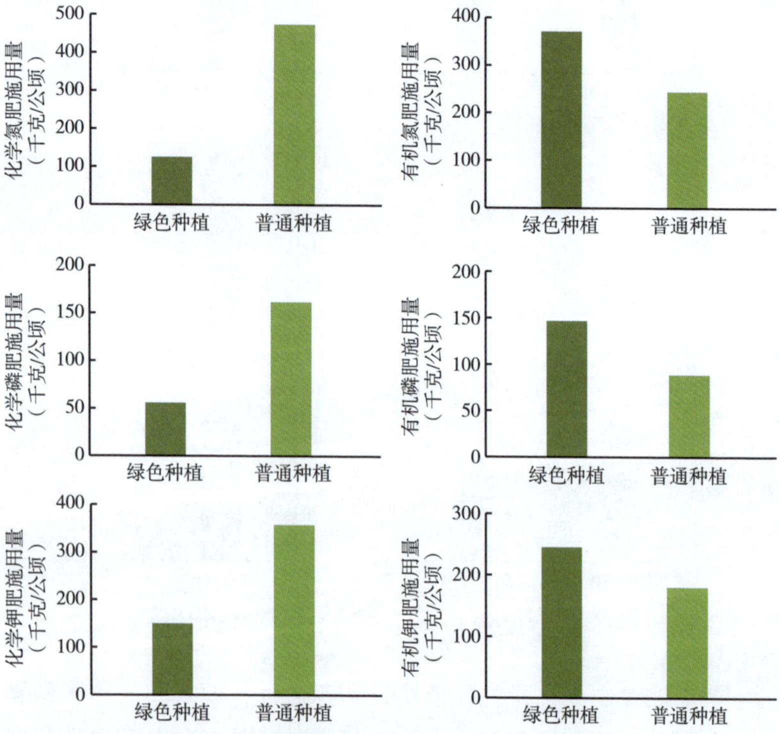

图2-9 山东省不同种植模式下番茄肥料施用量

根据图2-10可以看出，山东省苹果在绿色种植模式下，化学氮肥施用量平均为188.3千克/公顷，有机氮肥施用量平均为260.3千克/公顷；普通种植模式化学氮肥施用量平均为446.6千克/公顷，有机氮肥施用量平均为136.8千克/公顷。绿色种植模式化学磷肥施用量平均为108.3千克/公顷，有机磷肥施用量平均为102.7千克/公顷；普通种植模式化学磷肥施用量平均为137.5千克/公顷，有机磷肥施用量平均为47.9千克/公顷。绿色种植模式化学钾肥施用量平均为325千克/公顷，有机钾肥施用量平均为170.6千克/公顷；普通种植模式化学钾肥施用量平均为307.1千克/公顷，有机钾肥施用量平均为107.5千克/公顷。

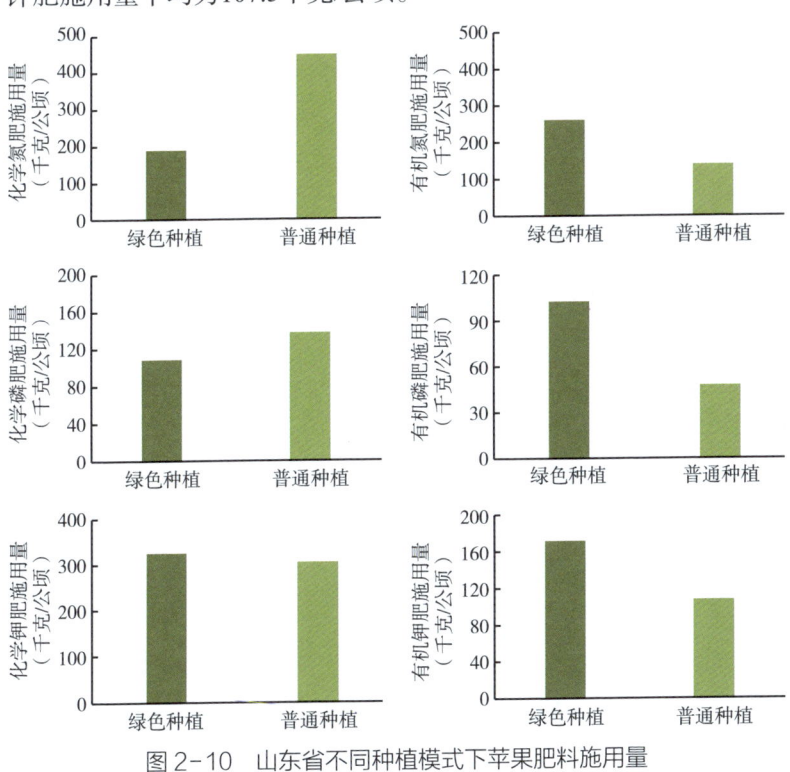

图2-10　山东省不同种植模式下苹果肥料施用量

随着绿色农业的发展，农业生产对化肥的需求正在发生变化。全国农用化肥施用量已经连续6年下降，这反映了农业生产向绿色、可持续方向转变的趋势。化肥使用量的减少不仅降低了环境污染和生态破坏的风险，还促进了农业生态系统的健康和稳定。

政府和社会各界对绿色食品肥料使用的政策支持与引导力度不断加大。政府出台了一系列政策措施，鼓励和支持绿色肥料的研发、生产和应用。同时，通过宣传教育和技术培训等方式，提高农民对绿色食品肥料的认识和使用技能。

三、绿色食品生产中肥料使用效益分析

（一）经济效益

有机肥和生物肥料的施用能够显著提高农作物的产量。例如，在玉米种植中，施用生物有机肥的玉米平均亩产量可达669.9千克，相比施用化肥的亩产量586千克，增产明显。同样，在水稻种植中，施用生物有机肥的水稻平均亩产量也比施用化肥的高出20.8%。这种增产效果直接带来了经济收入的增加。增产的幅度因作物种类和肥料种类而异，但总体上，有机肥和生物肥料的施用能够带来显著的增产效果，从而提高农民的经济收入。此外，有机肥和生物肥料的施用还能够显著提升农产品的品质。这些肥料中的营养成分更加全面，有助于作物生长过程中形成更多的风味物质和营养成分，从而提高农产品的口感和营养价值。高品质的农产品在市场上往往具有更高的售价和更强的竞争力，为农民带来更高的经济收益。

虽然有机肥和生物肥料的初期投入可能高于化肥，但长期来看，它们能够改善土壤结构，提高土壤肥力和抗逆性，减少化肥和农药的使用量，从而降低生产成本。因氮肥大幅度减控，农户种植

成本有效降低。根据数据来看，水果和蔬菜种植在化学纯氮量减控上成效显著。2005—2014年粮食生产中减施氮肥累计节约成本189.1亿元，蔬菜生产节约成本36.3亿元，水果生产节约成本37.9亿元，其他作物累计节约成本71.5亿元，共计节约成本334.8亿元，为农业绿色可持续发展作出了巨大贡献。

随着消费者对绿色食品需求的增加，绿色食品产业逐渐成为农业发展的新方向。有机肥和生物肥料的使用推动了农业向绿色、生态、可持续的方向转型，促进了农业产业结构的优化升级。这种转型不仅提高了农业的整体效益，还带动了相关产业的发展，如有机肥生产、生物技术研发等。

（二）生态效益

有机肥和生物肥料的施用能够增加土壤有机质含量，改善土壤结构，提高土壤保水保肥能力，这对于保持土壤健康、提高土壤生产力具有重要意义。长期施用化肥会导致土壤板结、酸化等问题，而有机肥和生物肥料的施用则能有效缓解这些问题，促进土壤生态系统的恢复和平衡。

过量使用化肥会导致氮、磷等营养元素流失到水体中，引发水体富营养化等环境问题。而有机肥和生物肥料的施用不仅能减少这种流失，降低环境污染的风险，同时还可以使废弃物得到合理利用，减小对环境的压力。同时，有机肥和生物肥料的施用有助于恢复和维持土壤生物多样性。这些肥料中的微生物和有机质为土壤中的生物提供了良好的生存环境，促进了土壤生态系统的稳定和繁荣。生物多样性的增加有助于提高土壤的自我调节能力和抵抗力，从而减少病虫害的发生。

近年我国大部分耕地土壤有机质含量下降，导致土壤板结、基础肥力降低。绿色食品生产通过减少化肥用量、提高有机肥投入，有效提高土壤有机质含量，对促进农业可持续发展有重要意义。绿色食品基地土壤的基础指标较常规种植的土壤有一定比例上升（图2-11）。常规种植的土壤有机质平均含量为1.87%，而绿色食品基地土壤有机质平均含量为2.20%，比常规生产提高17.6%。其中，粮食基地土壤有机质含量提高20%，蔬菜基地土壤有机质含量提高14%，水果基地土壤有机质含量提高11%，其他作物基地土壤有机质含量提高12%。绿色食品基地土壤全氮平均含量为0.16%，比常规种植模式高14.3%，其中，粮食提高17%，蔬菜提高13%，水果提高9%，其他作物提高10%。绿色食品基地土壤速效磷平均含量为41.7毫克/千克，而常规种植土壤速效磷含量为30.1毫克/千克，绿色种植土壤比常规种植土壤的速效磷含量高38.5%。绿色食品生产模式的土壤速效钾含量比常规种植提高了27.1%，其中，粮食提高31%，蔬菜提高30%，水果提高22%，其他作物提高25%。

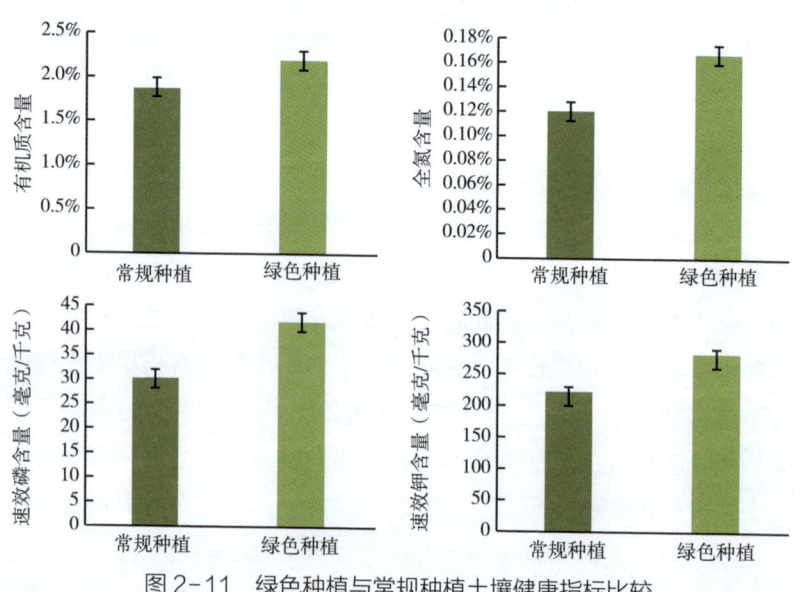

图2-11 绿色种植与常规种植土壤健康指标比较

(三) 社会效益

绿色食品产业的发展以及有机肥、生物肥料的推广使用，增强了公众的环保意识和可持续发展观念。绿色食品生产中使用有机肥和生物肥料，降低了化肥的残留量，提高了食品的安全性，有助于提升公众的整体健康水平。越来越多的人开始关注农产品的生产方式和环境质量，购买绿色食品成为一种新的消费趋势。这种趋势的形成有助于推动整个社会向更加环保、可持续的方向发展。有机肥和生物肥料的施用有利于农业生态系统的恢复和平衡，促进了农业的可持续发展。这种发展方式不仅满足了当前的生产需求，还考虑到了未来的资源利用和环境保护问题。

绿色食品产业化发展模式示范和引领中国农业的现代转型。绿色食品事业作为一项国家战略，经过多年的发展，逐渐形成较为完善的产业化发展模式。其特点是"品牌标志为纽带、龙头企业为主体、基地建设为依托、农户参与为基础"。品牌是绿色食品的核心竞争力，基地是绿色食品品牌的载体，企业是发展绿色食品认证的主体，农户是推进绿色食品标准化生产的基础。绿色食品推行产业化发展模式，提高了农业生产组织化程度和社会化服务水平，延长了农业产业链条，强化了企业与农户的利益联结机制，实现了企业增效、农民增收。这一产业模式不仅有效地保证了绿色食品产业的不断发展壮大，而且在促进我国农业转型升级、提升农业竞争力、带动农民增收方面具有重要的示范和引领作用。绿色食品对产地环境、生产资料、生产加工过程、包装储运都提出了更高的要求，由此带动了相关技术的发展和进步。绿色食品带动了农业环保科技的发展进步，推动了低毒、低残留、低污染农业投入品的开发应用，促进了绿色农业技术体系的构建。

绿色食品肥料使用的效益体现在多个方面。它不仅提高了农产品的产量和品质，增加了农民的经济收入，还改善了土壤环境，减少了环境污染,同时,提升了公众的健康水平和社会环保意识。这种效益的实现需要政府、企业和消费者共同努力,推动绿色食品产业的持续健康发展。

四、绿色食品生产中肥料使用存在的问题

尽管绿色食品产业的发展愈来愈好,但在生产过程中肥料的使用仍存在许多问题。

一是对绿色食品概念不清。绿色食品分为A级和AA级,其中,A级绿色食品允许使用的肥料种类较多,限量使用限定的化学合成肥料;而AA级绿色食品要求较为严苛,不允许施用化学合成肥料。然而,在实际生产过程中,由于对绿色食品概念不清,部分农户可能出现了肥料施用偏差。例如,有些农户可能完全依赖有机肥而忽视化肥的合理施用,导致作物产量无法保证,进而影响农户的经济收益和施用绿色食品肥料的积极性。

二是对绿色食品肥料使用准则认知有误或还不够深入。部分农户和生产企业可能认为只要是加入有机肥的肥料就可以作为绿色食品肥料使用。然而,实际上绿色食品肥料有着严格的标准,不是简单的有机肥与化肥的混合。这种认识上的不足可能导致肥料施用不当,影响绿色食品的质量和安全性。

三是缺乏使用绿色食品肥料的经验。绿色食品是一个新兴的产业,目前在生产技术上还存在经验不足的问题。在肥料施用方面,缺乏成形的模式供借鉴,导致农户在施用过程中存在盲目性和随意性。这种情况不仅可能影响作物的产量和品质,还可能对土壤环境造成污染。

四是有机肥来源不足且成本高。有机肥是绿色食品生产中的重要肥料之一,但其来源相对有限且成本较高。随着绿色食品产业的

快速发展，有机肥的需求量不断增加，但供应却难以满足需求。这导致有机肥价格上涨，增加了农户的生产成本。同时，由于有机肥的运输和储存不便，也增加了其使用的难度和成本。

综上所述，绿色食品生产中肥料使用存在的问题涉及多个方面，需要政府、企业和农户共同努力加以解决。政府应加强对绿色食品生产的监管和指导，制定更加科学合理的肥料施用标准和规范。企业应加大有机肥和生物肥料的研发和生产力度，提高产品质量和供应量。农户则应加强学习和实践，掌握科学的肥料施用技术和方法。

五、绿色食品生产中肥料使用标准的发展情况

科学合理使用肥料是保障绿色食品生产的重要环节，也是减少化学肥料投入、降低环境代价、保障土壤健康、提高养分利用效率和作物品质的重要措施。绿色食品产业发展30余年来，始终坚持"安全、优质、环保、可持续发展"理念，建立了"从土地到餐桌"全程质量控制体系以及覆盖产地环境、投入品使用、产品质量和包装贮运全过程的标准体系。其中《绿色食品 肥料使用准则》（NY/T 394）是绿色食品生产中科学规范合理使用肥料的基本依据和根本遵循，同时，中国绿色食品发展中心根据该准则的要求，组织有关行业专家编写了315项具体作物的生产操作规程，针对特定区域和作物品种给出了具体施肥方案。上述标准为绿色食品生产主体的肥料选择和使用提供了重要指导，同时，也为保证绿色食品品质，保护产地生态环境和再生产能力，节省资源与能源，促进农业绿色发展发挥了重要作用。

（一）《绿色食品 肥料使用准则》的内容和要求

《绿色食品 肥料使用准则》（NY/T 394）经农业部立项审

批，由中国绿色食品发展中心组织中国农业科学院土壤肥料领域的专家编写，于2000年3月2日首次发布实施（以下简称2000版标准），历经2013年、2021年和2023年3次修订（以下分别简称2013版标准、2021版标准和2023版标准），现行有效实施标准为2023年12月22日发布、2024年5月1日实施的2023版标准。

1. 2000版标准

20世纪90年代，随着绿色食品安全、环保、可持续发展理念的逐步成熟以及食品安全意识的普遍提升，农业部提出发展绿色食品，从发展理念到产品落地，需要一套完善的标准体系指导生产并开展评价。如何在肥料使用方面体现绿色食品生产发展的理念，区别于普通产品且可操作实施，同时确保绿色食品的质量，中国绿色食品发展中心制定了《绿色食品 肥料使用准则》（NY/T 394—2000），经农业部审批发布实施，成为我国首个用于指导农业生产中肥料使用的农业行业标准。

该准则规定了绿色食品生产中允许使用的肥料种类、组成及使用规则。2000版标准的意义在于它的首创性。一是首次提出允许在有机肥、微生物肥、无机（矿质）肥、腐植酸肥中按一定比例掺入化肥，开创性提出有机氮与无机氮之比不超过1∶1的要求，鼓励施用有机肥料，限制施用化肥。二是首次提出肥料使用的基本前提，在使用规则中突出安全、营养、可持续发展理念，强调肥料使用必须满足作物对营养元素的需要，使足够数量的有机物质返回土壤，以保持或增加土壤肥力及土壤生物活性。三是首次分类明确了AA级和A级绿色食品可以使用和禁用的肥料种类范围、使用方式等。例如，在肥料种类方面，AA级绿色食品禁止使用任何化学合成肥料，A级绿色食品禁止使用硝态氮肥；在A级绿色食品生产用肥原则方面，要求化肥必须与有机肥配合施用，有机氮与无机氮之比不超过1∶1。2000版标准的应用实施，使绿色食品生产理念得以落实,使绿色食品生产企业在肥料使用上有标可依,也使管理部门在评价上有标可循。

2. 2013版标准

随着国内外农业生产技术的不断涌现、肥料生产及应用技术的迭代升级,许多新的肥料品种和土壤改良剂产品被开发出来,绿色食品用肥有了更多的选择。同时,人们对绿色食品的认识进一步深化,对绿色食品品质有了更高的要求,绿色食品肥料使用标准也须适应发展修订完善。基于形势发展要求,2012年经农业部批准立项修订,历时近2年修订完成,《绿色食品 肥料使用准则》(NY/T 394—2013)2013年12月发布,2014年4月1日实施。

2013版标准较2000版标准,编写结构和体例的修改较大,梳理构建了更加清晰完整的标准结构框架,包括绿色食品生产中肥料使用的原则、可使用的肥料种类、不应使用的肥料种类及使用规定等,同时,增列标准引言,进一步阐释编写该标准所遵循的基本原则,以及标准的应用意义。该标准指出,绿色食品肥料使用准则是按照保护农田生态环境、促进农业持续发展、保证绿色食品安全优质的要求,突出优先使用有机肥料、减控化学肥料、不用可能含有安全隐患的肥料,对指导绿色食品生产意义重大。2013版标准的突出贡献体现在以下两方面。一是结合10余年的标准应用经验,总结提炼出绿色食品肥料使用的四项基本原则,即持续发展原则、安全优质原则、化肥减控原则、有机为主原则,使绿色食品的理念和要求更加清晰明确,易于理解掌握,便于推广应用。持续发展原则强调绿色食品肥料使用对环境无不良影响,有利于保护生态环境、保持或提高土壤肥力及土壤生物活性;安全优质原则突出的是肥料产品自身的安全性及其对作物生长、品质的安全;化肥减控原则,进一步改进2000版标准关于无机氮素的减控要求,强调在保障植物营养有效供给的基础上减少化肥用量,兼顾元素比例平衡,要求无机氮素用量不得高于当季作物需求量的一半，相较于之前关于有机氮和无机氮比例的要求更加具有可操作性；有机为主原则表达的是绿色食品生产过程中肥料种类选择应以农家肥料、有机肥料和微生物肥料为主，化学肥料为辅，要求明确，简单易懂。上述原则要求，对绿色食品生产用肥以及整个农业生产用肥都具有普遍指导意义。二是标准更具有可操作性。2000版标准中允许使用肥料种类和不允许使用肥料种类的规定未单独列章区分，2013版标准结合生产实际，明确规定了6类绿色食品生产中"不应使用的肥料种类"，这是绿色食品安全优质的重要保障。细化了肥料使用规定，对肥料的无害化指标进行了明确规定，对无机肥料的用量做了规定。

3. 2021版标准

伴随绿色食品产业快速发展，绿色食品生产标准也须与时俱进，中国绿色食品发展中心于2020年申请立项，再次启动《绿色食品 肥料使用准则》修订工作。2021年11月1日新版标准正式实施。

2021版标准延续2013版标准的框架，更多是从促进农业绿色发展与养分循环、保证食品安全与优质出发，兼顾绿色食品生产对肥料种类的实际需求。相较于2013版标准，按照最新关于肥料的国家标准对部分肥料种类的定义进行了调整，修改了肥料使用原则，补充了微量养分要求，增加了肥料中有害物质限量的要求，同时修改了肥料使用规定，突出体现绿色、减肥、生态发展理念。主要技术变化内容如下。一是在基本使用原则方面增加了"补充中微量养分原则"和"生态绿色原则"。大量研究和实践证明，中微量元素在提高作物产量、农产品品质（尤其是农作物中的蛋白质、糖、维生素等成分含量）、减轻作物病虫害，以及提升作物抗病、抗寒、抗高温、抗干旱等能力方面发挥着重要作用，因此2021版标准提出"因地制宜地根据土壤肥力状况和作物养分需求规律，适当补充钙、镁、硫、锌、硼等养分"施肥原则。轮作和填闲种植是提高肥料利用效率、减少氮素淋溶损失的有效手段，因此2021版标准增加了生态绿色原则，将"增加轮作、填闲作物，重视绿肥特别是豆科绿肥栽培，增加生物多样性与生物固氮，阻遏养分损失"内容上升为标准要求。二是在使用规定方面修改了4条，补充农家肥须完全腐熟的要求，通过腐熟减少农家肥中寄生虫和重金属等有害生物与物质；补充规定不应在土壤重金属局部超标地区使用秸秆肥或绿肥，这是由于重金属超标地区种植的秸秆重金属含量高，所以不提倡还田；针对有机肥料增加了符合《肥料中砷、镉、铅、铬、汞含量的测定》（GB/T 23349）要求的条款；针对微生物肥料增加了符合《微生物肥料》（NY/T 227）要求的条款。

4. 2023版标准

2023版标准是现行有效执行版本，于2023年12月22日发布，2024年5月1日正式实施，主要是为了适应新时期国内外经济形势、农业生产技术迅速发展变化的要求而进行了局部修订。标准更改了肥料使用原则和禁止使用肥料的种类，遵循了农业绿色发展与养分高效循环、食品安全与优质生产的原理，体现了绿色安全、减施化肥、生态发展的理念。相较于2021版标准其主要修订点如下。一是化肥减控原则中提出在保障养分充足供给的基础上，增加了对无机磷素的要求，即无机氮素和磷素用量均不得高于当季作物需求量的一半，同时，根据有机肥料或农家肥钾素的投入量相应减少无机钾肥的施用量。同时，合并了补充中微量元素原则，增加了推荐使用作物专用肥、水肥一体化、侧深施肥和机械一次性施肥等先进技术措施。二是基于转基因技术进步快、转基因原料多，经过土壤、植物转化过程，不再影响绿色食品品质与安全性，标准删除了禁止"转基因品种（产品）及其副产品为原料生产的肥料"的要求。

2023版标准主要技术内容包括使用原则、可使用的肥料种类、禁止使用的肥料种类和使用规定4个部分。在执行中要牢固绿色发展与养分高效循环、食品安全和优质生产的理念，综合运用"土壤健康、化肥减控、有机肥施用、安全优质、生态绿色"五大原则，因地制宜选用农家肥、有机肥料、微生物肥料，科学合理使用有机无机复混肥料和无机肥料。不能使用以下5种来源的肥料：一是未经发酵腐熟的人畜粪尿；二是生活垃圾、污泥和含有害物质（如病原微生物、重金属、有害气体等）的垃圾；三是成分不明确或含有安全隐患成分的肥料；四是添加有稀土元素的肥料；五是国家法律法规禁用的肥料。在具体肥料种类选用上要注意肥料的质量安全，确认肥料质量符合相应国家或行业标准的要求。农家肥和堆肥应符合《畜禽粪便堆肥技术规范》（NY/T 3442）的要求；肥料的重金属限量、粪大肠菌群数、蛔虫卵死亡率应符合《肥料中有毒有害物质的限量要求》（GB 38400）的要求；有机肥料应符合《有机肥料》（NY/T 525）或《含氨基酸叶面肥料》（GB/T 17419）的要求；微生物肥料应符合《农用微生物菌剂》（GB 20287）、《生物有机肥》（NY 884）或《复合微生物肥料》（NY/T 798）的要求；无机肥料、有机无机复混肥料、水溶肥料应符合《复合肥料》（GB/T 15063）、《有机无机复混肥料》（GB/T 18877）、《缓释肥料》（GB/T 23348）、《脲醛缓释肥料》（GB/T 34763）、《稳定性肥料》（GB/T 35113）、《含腐植酸尿素》（HG/T 5045）、《腐植酸复合肥料》（HG/T 5046）、《含海藻酸尿素》（HG/T 5049）、《含腐植酸磷酸一铵、磷酸二铵》（HG/T 5514）、《含海藻酸磷酸一铵、磷酸二铵》（HG/T 5515）、《大量元素水溶肥料》（NY/T 1107）等的要求。

（二）绿色食品生产操作规程的内容和要求

绿色食品生产操作规程是绿色食品标准体系的重要组成部分，是落实绿色食品标准化生产的重要手段，也是解决标准化生产"最后一公里"问题的关键。中国绿色食品发展中心2017年启动绿色食品生产操作规程制定工作，组织绿色食品工作机构、相关科研机构、高等院校及农业技术推广服务相关部门，结合生产实际，以绿色食品生产技术准则为基础，按不同区域、不同作物品种和不同生产模式编写具体操作指导规程。截至2023年底，中国绿色食品发展中心已累计制定315项生产操作规程，包括34项养殖类规程、66项水果类规程、97项蔬菜类规程、24项加工类规程和94项大田作物类规程，上述规程是绿色食品理念和准则在具体农业生产中的落实和体现，为绿色食品企业提供了重要技术参考（可登录中国绿色食品发展中心网站下载查询，登录界面如图2-12所示）。例如，在《东北地区绿色食品水稻生产操作规程》中，按照《绿色食品 肥料使用准则》要求，结合区域作物需肥特点，明确给出了本田施肥的方案：在总施肥量方面，每亩施腐熟有机肥2 000～3 000千克，3年轮施一次。根据土壤肥力差异，施用化肥量不同，一般情况下施化肥总量为每亩纯氮7～10千克，五氧化二磷4～5千克，氧化钾2～3千克，氮、磷、钾比例为1∶0.5∶0.3。在不同施肥时期方面，明确了基肥、蘖肥、穗肥和粒肥各阶段施肥量，氮肥在四个阶段分比例施用，而磷肥则100%用作基肥。

图2-12 生产操作规程查询页面

(三) 绿色食品肥料使用相关标准的特点

1. 创新提出绿色食品肥料使用的基本原则

创新提出绿色食品肥料使用的五大基本原则，即土壤健康原则、化肥减控原则、有机肥施用原则、安全优质原则和生态绿色原则。第一，土壤有机质是保障土壤健康和生产力的基础，土壤健康原则就是要求所施用的肥料应以提高土壤肥力及土壤生物活性为前提，坚持有机与无机养分相结合，通过增施有机肥或有机物料改善土壤物理、化学与生物学性质，使农田土壤有机质含量稳定增加，构建高产、抗逆的健康土壤。第二，化肥是粮食安全的基础保障，农业的发展离不开化肥的供给，但是农业生产过度依赖化学肥料，长期大量、不合理地使用化学肥料，会对农产品质量、农田土壤和农业生态环境造成很大的危害。化肥减控原则就是在保证作物需肥量的基础上，通过减少化学肥料用量，增加农家肥料、有机肥料和微生物肥料的用量，逐步改善农产品质量、农田土壤和农业生态环境。第三，施用有机肥是一种可持续的方法，能促进绿色农业、生态农业和农业循环经济的实现。有机肥为作物生长提供全面、均衡、长效的养分，有利于农产品品质提升；同时，促进土壤有机质积累、提高土壤肥力、增加土壤生物多样性，有利于作物抗逆、稳产、增产。因此，鼓励根据土壤性质、作物需肥规律、肥料特征，合理施用有机肥料或农家肥，达到培肥地力、改善环境、保障作物产量和品质的作用。第四，安全优质原则突出体现的是绿色食品"安全、优质"的本质要求。一方面，强调绿色食品生产中所选用的肥料产品应是符合相关标准的安全、优质的肥料；另一方面，强调使用这些肥料生产安全、优质的绿色食品，这些肥料应按照科学的方法使用，对作物本身的营养、口味、品质及植物抗性等不产生不良后果。正是根据这一基本原则，标准中对肥料的质量提出了要求，并确定了绿色食品不可使用的肥料种类。第五，生态绿色原则强调绿色食品生产中所使用的肥料应对环境无不良影响，有利于保护生态环境，增强可持续发展能力。绿色生态是资源，更是财富，坚持生态绿色原则是贯彻落实党的二十大报告关于推动绿色发展、促进人与自然和谐共生、加快发展方式绿色转型等要求的具体举措。

2. 强化肥料种类选择的安全性

肥料使用应突出体现绿色食品"安全、优质"的本质要求，绿色食品生产中所选用的肥料产品应是符合国家相关法令、法规及标准的安全、优质的肥料。标准明确了绿色食品生产中允许使用的肥料种类和禁止使用的种类，同时，在此基础上全面整合国内现行肥料行业的质量标准，对肥料本身的质量安全提出了明确要求。绿色食品生产可使用的肥料种类基本包括了目前肥料市场的所有主流品种，同时，在肥料使用方法上又做了限制，要兼顾化肥减控原则、有机为主原则等。明确规定了5类绿色食品生产中"禁止使用的肥料种类"，目的就是对一些可能存在安全隐患的肥料品种加以限制，体现了绿色食品的安全性，也是绿色食品安全优质的重要保障。对绿色食品生产中所选用的肥料产品质量提出了要求，充分借鉴了《肥料中有毒有害物质的限量要求》（GB 38400）、《有机肥料》（NY/T 525）、《微生物肥料》（NY/T 227）、《有机无机复混肥》（GB 18877）、《畜禽粪便堆肥技术规范》（NY/T 3442）和《复合微生物肥料》（NY/T 798）等国家和行业标准，同时参考美国、欧盟和日本化肥最低限量值等国际标准，与现行法律法规和相关标准一致，全面保障绿色食品的安全。

3. 注重生产中肥料施用的可操作性

生产操作规程是将绿色食品相关标准落实到最终产品生产中最重要的标准，绿色食品生产技术规程将绿色食品发展理念和生产技术落实到具体地域的具体产品生产中，指导企业和农户按标准生产，体现出较强的可操作性。315项生产操作规程按不同区域、不同作物品种和不同生产模式规定了生产中具体的施肥技术，明确给出施肥原则、施肥方式、施肥量等具体操作要求，以便指导各地高效便捷地开展绿色食品生产，真正将绿色食品标准转化为农户、企业手中的"明白纸"，真正发挥了绿色食品的标准化示范作用。绿色食品生产技术规程为进一步发挥绿色食品"标准化+"效应、提高农业标准化生产普及程度、促进绿色食品产业持续健康发展、引领农业标准化和现代化生产发挥了重要作用。

（四）应用与挑战

1. 应　用

《绿色食品　肥料使用准则》（NY/T 394）实施后，对增加绿色优质农产品、保护农业环境和促进绿色产业升级将有巨大的推动作用。首先，人们对农产品安全和品质提出了更高的要求，食品安全管理更加规范并逐步升级，对外来化学投入品（肥料）的要求也越来越高。在国家"十三五"时期化肥零增长、"十四五"时期继续扎实推进化肥减量行动的大环境下，以标准的形式推进减肥增效，是落实"三品一标"的发展模式的内在要求，更是落实习近平总书记关于增加绿色优质农产品供给的重要举措。其次，标准强调生态绿色、优先使用有机肥和保障土壤健康等，禁止使用可能含有安全隐患的肥料，有效降低了对土壤、水体和空气的污染，保障了土壤健康和生物多样性，保护了生态环境，是贯彻落实绿色发展理念和践行"绿水青山就是金山银山"的重要途径。最后，2023年中央一号文件提出要推进农业绿色发展，加快农业投入品减量增效技术的推广应用。绿色食品发展更加朝着绿色化、优质化、特色化和品牌化方向发展，绿色食品将成为引领行业发展、推动农业科技进步的重要阵地，绿色食品产业将成为"三品一标"和农产品"四化"中以及最可评价、最可控制以及最富有经济、生态和社会效益的产业。

2. 挑　战

一是新技术与新型肥料的开发应用。为适应农业现代化发展的要求，随着农业机械化、设施化、工厂化等的不断融入，新的施肥技术以及许多新型肥料被开发出来，同时，人们食品安全意识及环保意识不断增强，对肥料的安全性评价会越来越广泛，也会更加全面，应对现有的肥料及时进行评估并适时调整，以适应人民对农产品品质的需求、环保需求和生产需求等多方面的变化。二是强化完善有机肥应用技术。当前，国内外农业生产发生了很大变化，有机肥料特别是就地取材的农家肥料因种类多、来源广、制作不规范等问题，给绿色食品产地环境和产品质量带来一定安全隐患。因此，有机肥的制作、施用、无害化技术指标等还需要进一步完善。三是加强肥料施用生态效应跟踪评价。肥料施用对农业生态环境的影响是复杂且深远的，目前，对肥料施用后的生态效应尚未进行深入研究。通过加强肥料施用生态效应的跟踪评价，可以更好地了解肥料施用对土壤、水体、大气等环境要素的影响，同时还有助于优化施肥策略，提高肥料利用率，减少农业面源污染，为农业可持续发展、促进农业生产与生态环境保护的协调发展提供科学依据。

六、小　结

我国是一个农业大国，随着科学技术的发展，肥料产业的发展蒸蒸日上，肥料种类层出不穷，但传统农业方式已经暴露出许多弊端，发展受限，急需新的理念和方式。党的十九大报告中，习近平总书记提出"绿水青山就是金山银山"的农业可持续发展理念，为我国农业指明了未来发展方向，绿色食品在此理念下迅速发展，越来越多的消费者开始选择绿色食品。肥料使用作为绿色食品生产中关键的一环需要严格把控，为此我国制定了A级和AA级绿色食品肥料使用准则，指导绿色食品生产用肥，同时，还严格审批登记肥料品种，确保绿色食品的安全和品质。尽管绿色食品在经济、生态和社会方面具有良好的效益，但目前仍存在绿色食品理念模糊不清、缺乏使用经验等问题，所以还需要政府、企业和农户共同努力加以解决。

第三章
有机肥料类型及特点

一、有机肥料定义

有机肥料是指主要来源于植物或动物,施于土壤以提供植物营养为主要功能的有机物质(含有碳元素的化合物),传统称"农家肥料",包括秸秆(还田)、堆(沤)肥、沼气肥、饼肥、绿肥、商品有机肥、生物有机肥等,具有种类多、来源广、肥效较长等特点。施用有机肥料能改善土壤结构,协调土壤中的水、肥、气、热,提高土壤肥力和土地生产力。

二、有机肥料范围

有机肥料的原料取自于动物或植物,多为人类活动所产生的各类副产物乃至最终产物,经过人工加工处理后制成。其主要原料涵盖畜禽粪污、秸秆、蚯蚓粪、泥炭、海藻、海鸟粪、绿肥及天然矿物(如磷矿石、磷酸盐)等。有机肥料所含的营养元素多呈有机状态,作物难以直接利用,经微生物作用,缓慢释放出多种营养元素,源源不断地将养分供给作物。依据制备工艺与原料的差异,有机肥料能够划分为以下几类。

动物源有机肥 以动物粪便、骨粉、羽毛粉、鱼粉等为原料,通过好氧堆肥的方式制备而成。

植物源有机肥 包括绿肥（既有豆科植物，也有非豆科植物）、饼肥（如豆饼、菜籽饼、麻籽饼、棉籽饼、花生饼、桐籽饼、茶籽饼等）以及秸秆类物质。

矿物源有机肥 主要运用天然存在的矿物质制备，如磷酸盐、腐植酸等便是常见的原料。

生物有机肥 一般含有多种功能性微生物，如藻类生物肥料、真菌生物肥料、细菌生物肥料或能够促进植物生长的根际细菌等。

本书中有机肥料主要是指就地就近取材制备的非商品化有机肥料，商品化有机肥料不包括在本书讨论范围内。

三、常见有机肥料及其特点

（一）秸秆还田

秸秆指各类农作物成熟后，摘去果实之后的枝干部分。秸秆主要由纤维素与木质素构成，且蕴含着丰富的微量元素，其中碳含量平均为44%、钾含量平均为10%、氮含量平均为0.6%、磷含量平均为0.25%，此外，还含有多种微量元素，是一种营养成分多元的资源，具备广泛的用途与综合开发利用价值，而秸秆还田技术便是其综合利用的途径之一。秸秆还田过程中，秸秆所含的营养物质会被土壤吸收，进而提升土壤有机质含量，优化土壤结构，增强土壤肥力，并有效调节土壤的水、气、热平衡状态。同时，秸秆还田还能提高土壤生物活性，促进农作物的生长发育，使作物产量实现5%~10%的增产效果。

目前秸秆还田主要有直接还田和间接还田两种方式。直接还田是秸秆经过粉碎后直接翻埋还田到土壤中，或采取秸秆覆盖地表的免耕技术；秸秆间接还田分为秸秆堆沤还田、过腹还田和焚烧还田（图3-1）。这几类还田方式各有优劣。

第三章

有机肥料类型及特点

粉碎翻埋还田

覆盖还田

堆沤还田

焚烧还田

图3-1 秸秆还田方式

1. 秸秆直接还田

秸秆直接还田具有工序简单、长期养地的特点。秸秆直接还田后的腐解与土壤中的微生物环境有密切关系,研究表明,不同方式秸秆还田均可显著提高土壤细菌数量,秸秆免耕还田条件下,小麦秸秆覆盖还田使冲积土耕层土壤微生物数量增加12.8%,长期沟埋还田能增加土壤微生物代谢和多样性。秸秆直接还田后不仅可以显著提高土壤有机碳、有机氮的有效性,而且土壤微生物量碳氮均表现出明显的增加趋势,表明土壤的微生态环境得到了很大改善。与此同时,深层土壤在连续秸秆浅耕还田后,透气性明显改善,土壤容重有效降低,土壤有机质显著累积,土壤速效氮及其他营养元素的含量提高,从而实现土壤水、肥、气、热协调统一。

秸秆粉碎翻埋还田 秋收时节,借助秸秆粉碎机对收获摘穗后的秸秆进行直接粉碎处理,随后通过机械翻压使其在土壤中腐烂分解，以此提高土壤肥力。这种翻压还田方式具有诸多优势，能够将秸秆中的营养物质充分还田，增加土壤有机质，改善土壤环境，提升化肥利用率，强化作物抗旱能力等。但是这种方式也存在一定局限性：一是若还田秸秆量过多，会导致分解微生物数量剧增，从而与作物争抢养分，对苗情产生不利影响；二是翻耕秸秆后土壤孔隙度过大，易造成作物根部与土壤疏松分离，须进行适当的灌溉碾压处理；三是秸秆还田前可能携带病菌、虫卵，翻压入土壤后须加强病虫害防治工作。此方式较为适用于水热条件优越、机械化水平较高的平原地区。

秸秆覆盖还田　秸秆覆盖还田也称为保护性耕作，是将作物秸秆粉碎后或保留30%的秸秆高度，直接覆盖于地表，并结合少耕、免耕的播种技术。这种方式在干旱或半干旱地区具有显著优势，秸秆直接覆盖或高留茬覆盖地表，既能增强土壤固土能力，又可提高土壤墒情，减少土壤水分的无效流失，有效提升土壤储水与抗旱能力，同时，配合少耕、免耕还能降低对土壤结构的破坏程度。使用这种耕作技术需要配备免耕播种机，且要重视覆盖秸秆后的杂草与病虫害防治工作。秸秆覆盖还田对于干旱地区的水土保持、成本控制以及作物增产具有重要作用。

2. 秸秆间接还田

秸秆堆沤还田　堆沤还田是将秸秆堆积起来，利用高温作用使其充分腐熟，产生对土壤有益的有机质后再进行还田的技术。堆沤地点可选择固定的田间堆沤场、养殖场周边或村集体处理点等。这种方式能够实现就地处理，但对实施条件有一定要求，需要收集秸秆并配备相应机械，将其运送至堆沤地点，经过一段时间的腐熟才能将产生的有机肥料还田。

秸秆过腹还田　秸秆作为饲料被动物取食消化，其所含的蛋白质、糖、各类纤维素等营养物质部分被动物吸收，剩余部分则以动物排泄物的形式还田，从而提高土壤肥力。动物食用秸秆饲料后，会将吸收的有机成分转化为促进肉、蛋、奶生产所需的营养物质，实现了秸秆资源的高效利用。秸秆过腹还田是推动农业生态系统健康发展的有效还田方式，值得大力推广应用。

秸秆焚烧还田 秸秆经过焚烧后会保留对土壤有益的钾、钙等微量元素，并且能够杀灭秸秆中的部分病虫害。但是秸秆焚烧带来的危害远大于其益处。一是焚烧后的土壤表层易出现板结现象，导致蓄水能力和保肥能力下降，对作物产量造成负面影响；二是焚烧秸秆会释放大量有害物质，对大气层造成严重破坏，影响大气环境；三是秸秆中的氮、硫等挥发性物质会在焚烧过程中大量损失，造成资源浪费。事实上，秸秆不仅可以用于还田，在饲料、造纸、生物发电等领域也是重要原料，因此应坚决杜绝焚烧秸秆行为。

（二）堆沤肥

1. 堆沤肥概念及种类

（1）堆　肥

堆肥化过程是一个高温好氧的过程。堆肥为各类有机物料在有氧条件下，经过好氧微生物降解制备的有机肥料，同时，堆体温度达到55℃以上并且持续一段时间，能有效杀灭病原菌及杂草种子，实现堆肥产品的无害化。堆肥工艺主要分为条垛式、槽式及反应器3种类型。

条垛式堆肥 是将物料堆制成长条形堆垛，通过专用翻堆机或翻斗车进行机械供氧的好氧发酵过程，是一种应用较为广泛的堆肥工艺。

槽式堆肥 是将待发酵物料按照一定的堆积高度放在一条或多条发酵槽内，在堆肥化过程中根据物料腐熟程度与堆肥温度的变化，每隔一定时期，通过翻堆设备对槽内的物料进行翻动实现物料的无害化与腐熟。

反应器堆肥 是利用特定设备（即反应器）进行有机废弃物堆肥处理的技术，常见的反应器包括筒仓式堆肥反应器、塔式堆肥反应器、滚筒式堆肥反应器、混流箱堆肥反应器等。

（2）沤肥

沤肥是以作物秸秆、落叶、野草、水草、绿肥、草炭、垃圾、河泥、塘泥、人畜粪尿等各种有机废弃物为原料，加入适量的水（或污水），使有机物在常温条件下腐解发酵而成的一类有机肥料。沤肥因各地区习惯、材料、制法的不同，名称亦有区别，但方法大同小异，是以嫌气发酵为主，如四川、湖北的垱肥，湖南的凼肥，江浙一带的草塘泥和江西的窖肥等。堆沤是我国南方水网地区的一种重要积肥方法，北方也会利用雨季或在有水源的地方进行沤制。由于制作简便，原料来源广，牲畜粪尿、作物秸秆、山青湖草等均可就地混合，在田边地头加水沤制。沤肥分为厌氧堆沤和兼氧堆沤（图3-2）。主要沤制形式如下。

草塘泥 草塘泥又叫灰塘泥、塘草粪、挟草泥，草塘泥是利用各种河塘泥、稻草、糠壳、绿肥、猪粪尿、青草等在水田嫌气低温条件下沤制而成，是我国江苏南部、浙江、上海等地江南河网地区稻田常用的一种有机肥料。

凼肥 凼肥又叫窖肥。它是用青草、垃圾、山草皮、作物秸秆、人畜粪尿在淹水嫌气条件下沤制而成的一种有机肥料，在我国湖南、湖北、江西农村中广泛使用，是一种重要的农家肥料。

厩肥 厩肥的定义很广，通常是指家畜的粪尿、垫在圈内的秸秆及吃剩的饲料等充分发酵后的产物。经过牲畜不断踏踩、压紧，使粪尿与垫料充分混合，并在因紧密而导致的缺氧条件下，经3～5个月就地发酵，圈内的物料充分腐熟，即可施用到田里。上层的物料如没完全腐熟，须再腐熟一段时间方可施用。家畜粪尿也可用坑圈、堆腐等方法进行腐熟，然后施用。厩肥在我国北方地区农村中广泛采用，是农家肥的一种类型。

厌氧堆沤

兼氧堆沤

图3-2 堆沤肥

2.堆沤肥的成分与性质

（1）堆　肥

堆肥是通过人工控制碳氮比、温度及湿度实现堆肥过程的快速完成，与沤肥方式不同，该过程在好氧条件下完成，虽然存在一定的氮素养分损失隐患，但是产品的腐熟与无害化程度更高，能够有效杀灭病原菌和杂草种子，堆肥产品的有机质含量一般在30%左右，氮、磷、钾总量约为3%。此外，堆肥产品还含有多种中微量元素、氨基酸、小分子蛋白质以及促进作物生长发育的生物活性物质和有益微生物。这些性质使得堆肥产品的养分较为全面，肥效长，能够为作物提供持续的营养支持，同时，改善土壤结构，增加土壤生物多样性。

堆肥产品一般从物理、化学、生物3项指标来判断堆肥是否完全腐熟，当堆体温度下降到35℃以下或趋于环境温度且不再升温时，说明堆肥已经基本腐熟。堆肥腐熟后，堆肥产品应呈现疏松的团粒结构，一般情况下颗粒直径小于1.3厘米，堆体不会再产生臭味，不再吸引蚊蝇，堆体呈黑褐色或浅灰色。腐熟的堆肥一般呈弱碱性，pH值一般为8～9，水溶性有机质含量一般小于2.2克/升，碳氮比由发酵前的（20～40）：1降为（15～20）：1。当GI＞70%时，可认为堆肥产品完全腐熟、无毒性。

（2）沤　肥

沤肥沤制过程中，有机物在嫌气条件下腐解，养分不易挥发，同时形成的速效养分多被泥土所吸附，不易流失。因此，沤肥属速效和缓效养分兼备、肥效稳而长的多元素有机肥料。据取样测试，新鲜沤肥一般含有机碳含量为2.966%～5.525%，平均含量为4.245%；全氮含量为0.217%～0.375%，平均含量为0.296%；全磷含量为0.095%～0.148%，平均含量为0.121%；全钾含量为0.123%～0.259%，平均含量为0.191%；速效氮含量为159～255毫克/千克，平均含量为207毫克/千克。同时，还含有较为丰富的钙、镁、硅、铜、锌、铁、锰、硼、钼等多种中微量元素。由于沤制材料种类、配比及沤制方法等不同，沤肥间的养分含量差异较大。

沤肥的腐熟程度通常通过颜色、软硬度和气味来判断。腐熟好的沤肥，表面起蜂窝眼，表层水呈红棕色，肥体颜色黑绿，有机原料完全腐烂变形，肥质松软，翻动有臭气，挖动不粘锄，施到田里不浑水。根据有机肥料养分分级评价标准和沤肥在有机肥料中所占的地位，沤肥属于三等二级。

3. 堆沤肥的积制方法

（1）堆　肥

堆肥的材料主要是易于分解的植物、动物废弃物等。堆肥发酵工艺流程一般包括发酵、翻堆、曝气等环节。堆肥发酵过程中，通过翻抛、曝气等强制供氧方式，在发酵堆体内形成好氧发酵环境。氧的供给情况和发酵车间保温程度对堆肥的温度上升有很大影响。可根据堆肥物料温度、水分、氧含量等参数的变化及时进行工艺控制，使堆肥温度可以上升至60~70℃。堆肥周期一般为20~30天，经过一个周期的堆肥，发酵后的含水率大幅度降低（一般小于45%）。

（2）沤　肥

沤肥是发酵肥料的另一种方式，所用的原料与堆肥差异不大，要积制优质沤肥，应注意下面不渗漏，面上保持浅水层，以隔绝空气，造成嫌气条件；注意高碳氮比原料与低碳氮比原料的合理搭配；通过加粪引子和人畜粪尿等方法，增加微生物和微生物所需要的氮素营养；勤翻动，使物料混合均匀、腐熟一致，同时调整过强的还原环境，以利微生物的繁殖、活动，加速腐解。

4. 堆沤肥特点

（1）堆　肥

由于堆肥是在好氧条件下完成，且通过人工调控物料配比、含水率及氧气补充手段控制堆肥过程，能够处理的原料类型更多，受环境因素影响较小，物料中的有机物分解速度更快，堆肥周期较短，同时产生的恶臭气体与渗滤液较少，能有效杀灭病原菌及杂草种子，减少对环境的污染。堆肥产品的质量更稳定，能够生产优质有机肥料，在有机废弃物处理方面具有较大的应用潜力。

（2）沤　肥

沤肥的腐熟进程主要发生于嫌气环境下，氧化还原电位处于较低水平，通常不超过60毫伏。在此过程中，易溶的有机物质率先分解，而纤维素的分解则相对迟缓。相较于堆肥，沤肥的显著特征为腐熟周期偏长，受气温影响大，一般夏季气温高时约20天可腐熟，冬季则需要1个月以上，气温长期在0℃以下时不宜沤制。沤肥内部的温度及pH值变化较平稳，养分损失少，并且有利于腐殖质的积累。厌氧环境和超高的湿度导致有机酸在肥料中大量积累，碳氮比不高，部分微量元素严重不足，且水中环境对微生物的活动形成抑制作用,大大降低了微生物的活性。因此,虽然沤肥操作简便,易于实施,但是由于自身缺陷,需要在施用时加入其他肥料以补充养分。此外,秸秆沤肥通常需要高温以有效杀灭致病菌。堆沤过程时间较长,对人力、物力要求较高,导致堆沤肥不能大面积推广。

(三) 沼 肥

沼肥由沼液和沼渣组成,是生物质经沼气池厌氧发酵后的产物。

沼气水肥(沼液)占沼肥总量的88%左右,固体残渣(沼渣)占沼肥总量的12%左右。据测定,沼液中含有丰富的氮、磷、钾、钠、钙等营养元素,沼渣中除含上述成分外,还含有有机质、腐植酸等。经有关部门研究分析,沼肥中的全氮含量比堆沤肥高40%~60%,全磷含量比堆沤肥高40%~50%,全钾含量比堆沤肥高80%~90%,作物利用率比堆沤肥提高10%~20%。此外,沼液和沼渣中还含有多种微量元素、17种氨基酸以及多种微生物和酶类,对促进作物的生长代谢,以及防治某些病虫害有显著作用。在农业生产中,沼液及沼渣常用于浸种、叶面喷施、防虫、盆栽,也可用于种瓜果、种蔬菜、种水稻、种烤烟、种花生、喂猪、养鱼、栽培蘑菇、养殖蚯蚓等。

沼液含速效氮、磷、钾等营养元素,还含有锌、铁等微量元素。据测定,沼液含全氮0.062%~0.110%、铵态氮200~600毫克/千克、速效磷20~90毫克/千克、速效钾400~1 100毫克/千克。因此,沼液的速效性很强,养分可利用率高,能迅速被作物吸收利用,是一种多元速效复合肥料。

沼液成分并非不变,接种物不同、发酵原料类型不同、发酵原料浓度变化以及沼液存储条件的改变等都对沼液养分含量有直接影响。有研究选取4种沼气池原料进行发酵,发现其有机质含量差异不显著,但全氮、全磷、全钾、速效养分等含量都有所差异。

沼液中含有作物生长发育的必需营养元素盐类,也富含如生长素、激素等生物活性物质。使用沼液浸种,这些活性物质不但能激活种子体内的酶、刺激种子萌发,同时也为提高作物抗逆性打下良好基础。同时,沼液是一种营养全面丰富、能促进农作物植株生长、吸收利用率高的优质液体肥料,可直接喷施于农作物叶面上,不仅能增加干物质积累、显著提高作物产量,还能明显改善作物品质。沼液能够显著促进土壤水稳性大团聚体的形成,降低土壤容重,提高土壤通气透水性能,促进土壤物理性质明显改善,进而提高土壤的保肥供肥能力。施用沼液对于提升土壤有机质水平、增加土壤养分含量、增强土壤保水保肥能力、改善土壤通透性等有积极的作用。长期施用沼肥也存在一定的问题,例如,长期施用沼液会造成土壤养分盈余,增加硝态氮积累量,导致养分供给出现不平衡,另外,长期施用沼液也会导致土壤中的某些重金属含量呈现增加趋势,并出现重金属元素积累现象,这些重金属被作物吸收后,会通过食物链进入人体,进而危害人体健康。

(四)饼　肥

饼肥是一种含氮量非常高的有机肥料,是油料作物的种子经榨油后剩下的残渣,这些残渣可直接作为肥料施用。饼肥的种类很多,主要有豆饼、菜籽饼、麻籽饼、棉籽饼、花生饼、桐籽饼、茶籽饼等。

由于饼肥的原料、压榨出油的方法工序和温度等存在较大的差异,所以各种饼肥的养分含量也各不相同。饼肥中含有较多的蛋白质、脂肪、矿物质等,一般含水率为10%~13%,有机质含量为75%~86%,氮的含量为2%~7%,钾的含量为1%~3%,锰的含量约为80毫克/千克,硼的含量为13~26毫克/千克。

由于饼肥的原料单价较高,售价比普通有机肥高,一般用于生产经济价值较高的作物,如烟草、荸荠、丹参等。饼肥的施用方法主要有两类：一是将饼肥发酵腐熟后直接施用于农作物；二是以饼肥发酵液为原料，稀释至特定浓度后使用。饼肥的适应性良好，既能够充当基肥，也可作为种肥或追肥。饼肥含有较多的有机质，碳水化合物被土壤微生物分解利用时会释放大量的热量。饼肥中所含的氮、磷、钾等营养物质须经微生物降解后才能被作物根系吸收、利用，作为种肥、基肥和追肥时需要经过腐熟发酵。研究表明，饼肥作为基肥和追肥时，按一定的比例配施化肥能使饼肥的养分利用率最大化，且肥效更为高效、持久，还能在一定程度上改善土壤微生物群落结构。虽然饼肥在有机肥总量中占比较小，但是饼肥与其他有机肥相比，有机质含量更高，肥效更持久，更有助于提高作物产量。

（五）绿　肥

绿肥是指利用盛花期的植物体进行堆沤、就地翻压或异地翻压后作为农田肥料的栽培植物。绿肥作为一种优质的有机生物肥源，在我国传统农业耕作中具有重要地位，其养分含量丰富，腐解后能为作物提供氮、磷、钾等养分，具有改善土壤结构、培肥地力、蓄水保土、提高农产品品质等作用。种植绿肥是建立良好农业生态环境、实现农业绿色可持续发展的关键措施之一。我国的绿肥资源丰富，按照植物学科分为豆科绿肥和非豆科绿肥，其中，73%的绿肥为豆科绿肥，主要包括紫云英、紫花苜蓿、箭舌豌豆等，这类绿肥根部含有大量根瘤菌，具有固氮作用，每年固氮量可达110～227千克/公顷。

绿肥具有优良的培肥效果，发展绿肥是多、快、好、省地解决养地用地问题及增加有机肥源的良好途径。绿肥翻压还田能有效培肥土壤地力、全面改善土壤的理化性质、增加土壤酶活性、补给土壤养分元素并巩固土壤团聚体稳定性，进而培育健康的土壤。绿肥本身是良好的饲草，可用于饲养牲畜推动农牧业可持续发展，提高资源利用效率。绿肥与化肥结合还田可降低粮食生产成本，提升农作物品质和产量。绿肥可替代部分化肥和农药，降低土壤污染水平，不仅节能减排，而且能抑制杂草生长，减少水肥流失，从而改善农业生态环境。此外，还可提高地表植物覆盖率，增加空气湿度，减少土壤温室气体释放，减缓全球气候变化。

作为清洁的有机肥源，绿肥是我国传统农业的精华，也是生态农业的重要组成部分。其中，紫云英作为南方稻区主要的绿肥作物，具有固氮、活磷、增钾等优点。绿肥丰富的养分还能起到部分替代化学氮肥的作用。因此，绿肥配施氮肥处理可作为南方稻田土壤培肥、水稻增产增质的有效施肥措施，是实现农业资源再利用的重要途径。

四、有机肥料原料的分类

（一）按来源分类

如图3-3所示，生产有机肥料的原料按来源可以分为以下几类。

畜禽粪便类　包括鸡粪、牛粪、羊粪、猪粪等。这类原料富含氮、磷、钾等养分以及丰富的有机质，是常见的有机肥原料，但需要经过腐熟等无害化处理才能安全施用。

植物残体类　如秸秆（玉米秸秆、小麦秸秆、水稻秸秆等）、落叶、枯枝等。它们含有大量的纤维素、半纤维素等有机物质，通过堆肥发酵等处理可转化为优质有机肥，能有效增加土壤有机质含量，并改善土壤物理性状。

食品工业废弃物类　包括酒糟、醋糟、木薯渣、糖渣、糠醛渣、豆粕、棉粕、菇渣等。这些食品工业生产过程中产生的废弃物含有一定量的养分和较高的有机质，经过适当处理后可制成有机肥，实现资源再利用。

生活废弃物类 包括厨余垃圾、人粪尿等。厨余垃圾有剩菜剩饭、果皮、菜根等，人粪尿也富含养分，但须进行无害化处理以达到安全使用标准，可用于家庭种植或农田施肥等。

绿肥类 如苜蓿、紫云英等绿肥作物。

其他类 如泥炭、沼渣、草木灰等，它们含有丰富的腐殖质，可在一定程度上改良土壤肥力；还有一些海洋生物残体（如虾壳、蟹壳等），经加工处理后也能成为有机肥原料，能为土壤补充多种养分及有益元素。

 畜禽粪便类（鸡/牛/羊/猪粪等）

 植物残体类（玉米/小麦/水稻秸秆等）

 食品工业废弃物类（酒糟、醋糟、木薯渣等）

 生活废弃物类（厨余垃圾、人粪尿等）

 绿肥类（苜蓿、紫云英等）

 其他类（泥炭、海洋生物残体等）

适用类原料
种植业废弃物：谷、麦及薯类秸秆，豆类作物秸秆，油料作物秸秆，园艺及其他作物秸秆，林草废弃物
养殖业废弃物：畜禽粪尿和畜禽圈舍垫料（植物类），废饲料
加工类原料：麸皮、稻壳、菜籽饼、大豆饼、花生饼、芝麻饼、油籽饼、棉籽饼、茶籽饼等种植业产品加工过程中的副产物
天然原料：草炭、泥炭、褐煤

禁用类原料
粉煤灰、钢渣、污泥、生活垃圾（经分类陈化后的厨余废弃物除外）、含有外来入侵物种的物料和法律法规禁用的物料等存在安全隐患的原料

评估类原料
植物源性中药渣
厨余废弃物（经分类和陈化）
骨胶提取后剩余的骨粉、蚯蚓粪、食品及饮料加工有机废弃物（酒糟、酱油糟、醋糟、味精渣、酱糟、酵母渣、薯渣、玉米渣、糖渣、果渣、食用菌渣等）糠醛渣
水产养殖废弃物：鱼杂类、虾壳、蟹壳、贝杂类、海藻类、海草、海绵、蕈草、苔条等
沼液（渣）（限种植业、养殖业、食品及饮料加工业原料生产）

图3-3 有机肥料的原料分类

（二）按相关国家标准分类

如图3-3所示，按相关国家标准，有机肥料的原料可以分为以下3类。

适用类原料 包括种植业废弃物（谷、麦及薯类秸秆，豆类作物秸秆，油料作物秸秆，园艺及其他作物秸秆、林草废弃物）、养

殖业废弃物［畜禽粪尿及畜禽圈舍垫料（植物类）、废饲料］、加工类废弃物（麸皮、稻壳、菜籽饼、大豆饼、花生饼、芝麻饼、油籽饼、棉籽饼、茶籽饼等种植业产品加工过程中的副产物）、天然原料（草炭、泥炭、褐煤等）。

评估类原料　包括植物源性中药渣，厨余废弃物（经分类和陈化），骨胶提取后剩余的骨粉，蚯蚓粪，食品及饮料加工有机废弃物（酒糟、酱油糟、醋糟、味精渣、酱糟、酵母渣、薯渣、玉米渣、糖渣、果渣、食用菌渣等），糠醛渣，水产养殖废弃物（鱼杂类、虾壳、蟹壳、贝杂类、海藻类、海草、海绵、蕴草、苔条等），沼渣（液）（限种植业、养殖业、食品及饮料加工业原料生产）。

禁用类原料　包括粉煤灰、钢渣、污泥、生活垃圾（经分类陈化后的厨余废弃物除外）、含有外来入侵物种的物料和法律法规禁用的物料等存在安全隐患的原料。

五、有机肥料原料的性质

（一）养殖业废弃物（适用类）

畜禽粪便主要包括牲畜粪便、家禽粪便及其他粪便3种主要类型。牲畜粪便以猪粪为代表，含有较多的腐殖质，对提高土壤肥力有很好的作用，含氮量较高，含水量较高，其水分含量和碳氮比取决于是否使用垫料、垫料的类型与数量、管理方式、养殖方法及气候等，通常臭味较重。采取干湿分离方式收集可有效降低含水量，并控制臭味，是一类较好的堆肥原料。牛粪中的有机质部分较难分解，腐熟较慢，发酵温度较低。羊粪质地较细，含水量少，其氮素形态主要是尿素态氮，易被分解利用。马粪尿中有机质含量较高，还含有大量的纤维分解菌，在堆肥时能产生高温。

家禽粪便主要有鸡粪、鸽粪、鹌鹑粪等,这类粪便含氮量高,水分适中,并含有较多的钙等中量和微量元素,适合与一些含碳量较高的原料(如秸秆粉、蘑菇渣、草炭、锯末等)配合。通常从养殖场取出家禽粪便时,可能有一部分已经腐熟,高氮量和高pH值会导致释放氨造成大量氮素损失,同时还易产生臭气,必要时需要用低pH值的调理剂来降低酸碱度。家禽粪便容易腐熟并且腐熟温度较高,属于热性肥料,发酵分解迅速,并能制成养分较高的肥料。

此外,兔子及其他牲畜的粪便,作为堆肥原料通常都很容易堆制,因为它们大多从堆积粪便的垫层收集,因此相对水分含量低但碳氮比较高;在没有垫层的情况下,该类粪便湿度大、含氮量高。其中,兔粪中氮、磷、钾含量分别是鸡粪的1.53倍、2.88倍和1.6倍,是羊粪的3.29倍、4.6倍和2.67倍,每吨兔粪相当于硫酸铵108.5千克、过磷酸钙100.9千克、硫酸钾17.85千克。

(二)种植业废弃物(适用类)

包括秸秆(玉米秸秆、小麦秸秆、水稻秸秆等)、落叶、枯枝、尾菜等,一般含有大量的纤维素、半纤维素等有机物质,通过堆肥发酵等处理可转化为优质有机肥,能有效增加土壤有机质含量,并改善土壤物理性状。

(三)食品废弃物和天然原料(适用类)

食品废弃物包括各种食品加工下脚料等,含有一定量的养分和较高的有机质,经过适当处理后可制成有机肥,实现资源再利用,但普遍含有浓缩分离后脱水率低的物质,比较容易腐烂变质,易产生恶臭和寄生虫,应注意保管。

天然原料包括泥炭、草木灰等,含有丰富的腐殖质,能改良土壤肥力,经加工处理后可成为有机肥原料,为土壤补充多种养分及有益元素。

（四）厨余垃圾（评估类）

厨余垃圾的性质各不相同，特别是由于季节和地域的不同，其性质也不同，有必要在使用前进行分析检测，切实把握其特点。一般来说，厨余垃圾水分含量为70%~85%，BOD（生化需氧量）为24~58克/千克，氮含量为2~11克/千克，磷酸含量为210~2 900毫克/千克，pH值为4~6。近年来，各地开展垃圾分类回收，厨余垃圾开始进入堆肥领域。厨余垃圾堆肥升温快，发酵周期短，堆制过程中的生物可利用碳短缺，堆肥氮素损失量大，可通过添加适当碳源等措施来减少厨余堆肥的氮素损失。另外，厨余垃圾中的餐厨垃圾含水率高达90%，发酵过程中糊状垃圾会将整个堆体空间填死，空气无法进入内部，致使微生物处于厌氧状态，使降解速度减慢，并产生硫化氢等臭气，同时，导致堆肥温度下降，影响堆肥质量。

六、有机肥料原料的变化趋势

本书中有机肥原料包括动物粪便、作物秸秆、园林废弃物、蔬菜尾菜、农副产品加工副产物、腐植酸、草炭、海肥类和餐厨垃圾等。与2000年出版的《中国有机肥料养分数据集》相比，本书中有机肥料原料种类有所变化，主要变化如下。

1. 粪肥以猪粪、牛粪、羊粪、禽粪为主，减少了马粪、驴粪、狗粪和圈粪等粪源

这主要是由于我国畜禽养殖结构发生了变化。近年来，我国畜禽养殖集约化和规模化发展迅速，与21世纪初相比，目前我国猪、牛、羊、禽的出栏数和年末存栏数均明显增加。据统计，2015年我国畜禽粪尿的产生量约为19.1亿吨，其中猪、牛、禽和羊的粪尿产生量分别为6.5亿吨、9.2亿吨、0.9亿吨和2.5亿吨，分别占总产生量的33.9%、48.3%、4.7%和13.1%。实地调研中发现，有机肥料厂原料也以猪粪、牛粪、鸡粪和羊粪为主。因此，本书中动物粪便主要包括猪粪、牛粪、羊粪和禽粪，与《中国有机肥料养分数据集》相比，减少了马粪、驴粪、狗粪及各种圈粪等。

2. 减少了炕土、炉灰渣、秸秆灰、烟筒灰等杂肥肥源

20世纪80—90年代，农村主要取暖方式为土炕，历经一年熏烤的炕坯，吸附了大量烟尘，是北方农村的大宗土肥。此外，冬季取暖燃煤产生的炉灰渣，以及小麦、玉米等秸秆焚烧产生的秸秆灰也是制作有机肥料的来源。随着农村生活方式的改变以及煤改电、煤改气工程的推进，炕土、炉灰渣、秸秆灰和烟筒灰等正逐渐告别农村，它们将不再是制作有机肥料的主要原料。因此，本书中不再研究上述原料。

3. 增加了餐厨垃圾作为有机肥料原料

餐厨垃圾是指家庭、学校、机关、公共食堂以及餐饮行业产生的食物废料、餐饮剩余物、食品加工废料、不可再食用的动植物油脂和各类油水混合物，是城市生活垃圾的重要组成部分。随着我国经济的快速增长、城市化进程的加快和人民生活水平的普遍提高，人们对食品质量的需求不断提升，由以前的"吃饱"逐渐升级为"吃好"，从而导致我国餐厨垃圾的产量迅猛增长。资料显示，我国部分发达城市的生活垃圾产量可达3 000吨/天以上，其中餐厨垃圾约占50%，甚至更高。餐厨垃圾肥料化是其资源化利用的重要途径之一。

4. 动物粪便养分含量有升高趋势

整体而言，与《中国有机肥料养分数据集》相比，近年来动物粪便（除羊粪外）中的氮、磷、钾含量呈上升趋势（表3-1）。这主要有两方面原因。一方面，动物饲料结构发生变化。例如，畜禽养殖由分散饲养向集约化、规模化方向发展，规模化养殖过程中大量使用高蛋白饲料以及含有磷酸二氢钙、脱氟磷酸盐等的饲料添加剂，促使畜禽粪便中氮、磷含量增加。另一方面，清粪方式发生变化。集约化养殖场多采用干清粪方式，使畜禽粪便中的氮、磷、钾含量相对增加。

表3-1 不同年份动物粪便养分状况对比

年份	N-P$_2$O$_5$-K$_2$O（%）			
	猪粪	牛粪	羊粪	鸡粪
2000	2.09-2.05-1.34	1.67-0.98-1.14	2.08-1.14-1.58	2.34-2.13-1.93
2019	2.30-2.40-1.23	2.03-1.49-1.39	1.82-1.35-1.71	2.86-3.00-2.33

5. 有机肥料施用量需调整

由于畜禽粪便中氮、磷、钾含量升高，因此施用量必须依据肥料种类和养分含量进行适当调整，确定合理用量。对于以磷含量较高的畜禽粪便为原料制成的有机肥料，更应对肥料用量合理调整。例如，猪粪和鸡粪中的氮磷比分别为1∶1.04和1∶1.05，与作物对氮、磷吸收比例2∶4.1有较大差距。因此，施用畜禽粪便有机肥料时要注意氮、磷养分的平衡，同时，也要避免有机肥料过量施用造成土壤磷素积累和面源污染。

第四章
绿色食品生产用有机肥料原料

一、绿色食品生产用有机肥料的选择

(一) 肥料选择

1. 农家肥料

主要是由植物、动物粪便等富含有机物的物料就地制作而成的肥料，包括秸秆肥、绿肥、厩肥、堆肥、沤肥、沼肥、饼肥等。

秸秆肥 成熟植物体收获之外的部分，以麦秸、稻草、玉米秸、豆秸、油菜秸等形式直接还田的肥料。

绿肥 新鲜植物体就地翻压还田或异地施用的肥料，主要分为豆科绿肥和非豆科绿肥。

厩肥 圈养畜禽排泄物与秸秆等垫料发酵腐熟而成的肥料。

堆肥 植物、动物排泄物等有机物料在人工控制条件下（水分、碳氮比和通风等），通过微生物的发酵，使有机物被降解，并生产出一种适宜土地利用的肥料。

沤肥 植物、动物排泄物等有机物料在淹水条件下发酵腐熟而成的肥料。

沼肥 以农业有机物经厌氧消化产生的沼液和沼渣为载体加工成的肥料。

饼肥 含油较多的植物种子压榨取油后的残渣制成的肥料。

2. 商品有机肥

商品有机肥是来源于植物和动物残体，经过发酵腐熟的含碳有机物料，功能是改善土壤肥力、提供植物营养、提高作物品质。

3. 微生物肥料

含有特定微生物活体的一类肥料产品，可增加植物养分的供应量或促进植物生长，提高产量，改善农产品品质及农业生态环境。

4. 有机—无机复混肥料

含有一定量有机肥料的复混肥料。复混肥料是指氮，磷，钾3种养分中，至少有2种养分是采用化学方法和（或）掺混方法制成的肥料。

5. 无机肥料

主要是以无机盐形式存在的能直接为植物提供矿质养分的肥料。

（二）肥料使用原则

1. 土壤健康原则

坚持有机与无机养分相结合，提高作物秸秆、畜禽粪便循环利用比例，通过增施有机肥料或农家肥改善土壤物理、化学与生物学性质，提高农田土壤有机质含量，对存在障碍因素的土壤合理施用土壤调理剂，构建健康土壤。

2. 化肥减控原则

在保障养分充足供给的基础上，无机氮素和磷素用量不得高于当季作物需求量的一半，根据有机肥料或农家肥钾素投入量相应减少无机钾肥施用量，因地制宜地补充中微量元素。推荐使用作物专用肥，结合水肥一体化、侧深施肥和机械一次性施肥等技术措施，提高肥料利用效率，合理减少化肥使用量。

3. 有机肥施用原则

根据土壤性质、作物需肥规律、肥料特征，合理施用有机肥料或农家肥，保障作物的产量和品质。

4. 安全优质原则

使用安全、优质的肥料产品,肥料的使用不应对作物的感官评价、安全和营养等品质以及环境造成不良影响。

5. 生态绿色原则

增加轮作、填闲作物、生草覆盖,重视绿肥特别是豆科绿肥的栽培,增加生物多样性与生物固氮,阻遏养分损失。

(三) 可使用的肥料种类

1. AA 级绿色食品生产可使用的肥料种类

可使用本部分"(一)肥料选择"中陈述的"1. 农家肥料""2. 商品有机肥""3. 微生物肥料"。

2. A 级绿色食品生产可使用的肥料种类

除 AA 级绿色食品生产可使用的肥料种类外,还可以使用本部分"(一)肥料选择"中陈述的"4. 有机—无机复混肥料""5. 无机肥料"。

(四) 禁止使用的肥料种类

①未经发酵的人畜粪尿。

②生活垃圾、未经处理的污泥和含有害物质(如病原微生物、重金属、有害气体等)的工业垃圾。

③成分不明确或含有安全隐患成分的肥料。

④添加稀土元素的肥料。

⑤国家法律法规禁用的肥料。

(五) 使用规定

1. AA 级绿色食品生产用肥料使用规定

①应选用本部分"(三)可使用的肥料种类"中"1. AA级绿色食品生产可使用的肥料种类"所列肥料种类,不应使用化学合成肥料。

②含有畜禽粪便的农家肥应该符合《畜禽粪便堆肥技术规范》

（NY/T 3442）的要求；宜利用秸秆和绿肥，配合施用具有生物固氮、腐熟秸秆、促进生长等有益功效的微生物肥料；肥料的重金属限量指标、粪大肠菌群数、蛔虫卵死亡率应符合《肥料中有毒有害物质的限量要求》（GB/T 38400）的要求。

③有机肥料应符合《有机肥料》（NY/T525）或《含氨基酸叶面肥料》（GB/T 17419）的要求，按照《肥料合理使用准则 有机肥料》（NY/T 1868）的规定合理使用。根据肥料性质（养分含量、碳氮比、腐熟程度）、作物种类、土壤肥力水平与理化性质、气候条件等选择肥料品种，可配合施用腐熟农家肥和微生物肥料。

④微生物肥料符合《农用微生物菌剂》（GB 20287）、《生物有机肥》（NY 884）或《复合微生物肥料》（NY/T 798）的要求，可与本部分"（三）可使用的肥料种类"中"1. AA级绿色食品生产可使用的肥料种类"所列的肥料配合使用，用于拌种、基肥或追肥。

⑤无土栽培可使用农家肥料、商品有机肥和微生物肥料，掺混在基质中使用。

2. A级绿色食品生产用肥料使用规定

①应选用本部分"（三）可使用的肥料种类"中"2. A级绿色食品生产可使用的肥料种类"所列的肥料种类。

②农家肥料的使用按AA级绿色食品生产用肥料使用规定执行。

③有机肥的使用按AA级绿色食品生产用肥料使用规定执行。此外，可配施本部分"（三）可使用的肥料种类"中"2. A级绿色食品生产可使用的肥料种类"所列的肥料种类。

④微生物肥料的使用按AA级绿色食品生产用肥料使用规定执行。此外，可配施本部分"（三）可使用的肥料种类"中"2. A级

绿色食品生产可使用的肥料种类"所列的肥料种类。

⑤无机肥料、有机无机复混肥料、水溶肥料应符合《复合肥料》（GB/T 15063）、《有机无机复混肥料》（GB/T 18877）、《缓释肥料》（GB/T 23348）、《脲醛缓释肥料》（GB/T 34763）、《稳定性肥料》（GB/T 35113）、《含腐植酸尿素》（HG/T 5045）、《腐植酸复合肥料》（HG/T 5046）、《含海藻酸尿素》（HG/T 5049）、《含腐植酸磷酸一铵、磷酸二铵》（HG/T 5514）、《含海藻酸磷酸一铵、磷酸二铵》（HG/T 5515）、《大量元素水溶肥料》（NY/T 1107）等的要求。

二、绿色食品生产用有机肥料原料的性质

表4-1列出了用于绿色食品生产的有机肥料可能会采用的一些原料，并对原料来源进行了描述，表中对养分和腐熟难易概括性的描述是经验性的，目的是为生产者进行原材料的初步筛选提供参考。

表4-1　绿色食品生产有机肥料类型及评价

原料种类	原料名称	主要来源	评价
作物秸秆	稻秸、麦秸、油菜秸等	水稻、小麦、油菜	易腐熟、养分低
	棉花秆、黄豆秆等	棉花、黄豆	不易腐熟、养分偏低
	花生藤、甘薯藤等	花生、甘薯	易腐熟、养分偏低
	玉米秸等	玉米	较易腐熟、养分偏低
谷物加工副产品	谷壳	稻谷	难腐熟、养分低
	米糠	稻谷	较易腐熟、养分中等
	麦麸	小麦	较易腐熟、养分中等

（续表）

原料种类	原料名称	主要来源	评价
畜禽粪便	猪粪、牛粪、马粪	养殖业	极易腐熟、养分低
	鸡粪、鸽粪、鹌鹑粪	养殖业	极易腐熟、养分偏高
	羊粪、兔粪	养殖业	极易腐熟、养分中等
食品加工业副产品	甘蔗滤泥、甜菜滤泥	制糖工业副产品	极易腐熟、养分偏高
	甘蔗渣	制糖工业副产品	难腐熟、养分低
	甜菜渣	制糖工业副产品	易腐熟、养分低
	啤酒泥	啤酒工业副产品	养分高
	酱油渣	酱油厂副产品	极易腐熟、养分偏高
	木薯渣	柠檬酸厂副产品	极易腐熟、养分中等
	味精厂废水回收物	味精厂废液	养分高
	麦芽粉	啤酒厂副产品	易腐熟、养分高
饼粕	豆粕、花生粕、芝麻粕	植物油加工副产品	易腐熟、养分高
	棉粕、菜粕、蓖麻粕	植物油加工副产品	易腐熟、养分偏高
	葵花籽粕、胡麻粕	植物油加工副产品	易腐熟、养分中等
	桐籽粕、茶籽粕	植物油加工副产品	不易腐熟、养分偏低
水生植物	浮萍	河道湖泊野生	极易腐熟、含钾量高
	水花生	河道湖泊野生	极易腐熟、含钾量高
	其他水生植物	河道湖泊野生	依对象而定
其他	锯木屑	木材加工厂	难腐熟、养分中等
	花生壳	食用油厂	较难腐熟、养分偏高
	菇渣	食用菌基地	较易腐熟、养分低
	剑麻渣	剑麻加工厂	易腐熟、养分低
	木糖醇渣	相关厂家	较难腐熟、养分低
	鱼粉	商品	易腐熟、养分高

（一）养殖业废弃物

1. 畜禽粪污

在考虑各种家畜粪尿的水分含量时，因为乳牛、肉牛、猪的粪便中含有70%以上的水分，所以即使把粪、尿分别进行收集，也有必要调整水分。大多数情况下，是用稻壳等辅料进行水分调整，但同时也要注意在堆肥工艺中的处理量。主要畜禽粪污的成分分析见表4-2。

表4-2　主要畜禽粪污的成分分析

指标	含量	乳牛	肉牛	猪	蛋鸡	小型肉用鸡
BOD	粪（毫克/升）	24 000	24 000	60 000	65 000	65 000
	尿（毫克/升）	4 000（5 800）	4 000	5 000（3 300）		
	合计（毫克/升）	18 400	18 400	23 300	65 000	65 000
COD	粪（毫克/升）	19 000	19 000	35 000	45 000	45 000
	尿（毫克/升）	6 000	6 000	9 000		
	合计（毫克/升）	15 360	15 360	17 667	45 000	45 000
SS	粪（毫克/升）	120 000	120 000	220 000	130 000	130 000
	尿（毫克/升）	5 000（5 800）	5 000	5 000（5 300）		
	合计（毫克/升）	87 800	87 800	76 667	130 000	130 000
氮	粪（毫克/升）	4 500	3 000	5 000	25 000	20 000
	尿（毫克/升）	8 000	12 000	7 000		
	合计（毫克/升）	5 480	5 520	6 333	25 000	20 000

(续表)

指标	含量	乳牛	肉牛	猪	蛋鸡	小型肉用鸡
磷	粪（毫克/升）	1 000	1 000	5 000	4 500	2 500
	尿（毫克/升）	100	100	500		
	合计（毫克/升）	748	748	2 000	4 500	2 500
有机物含量	粪（干基）	80%	80%	85%	70%	70%
	尿（干基）	70%	70%	70%		
	合计（干基）	79.90%	79.90%	84.50%	70.00%	70.00%

数据来源：社团法人日本有机资源协会，《堆肥手册》。

注：BOD 为生化需氧量；COD 为化学需氧量；SS 为悬浮固体。

2. 畜禽残体

畜禽残体大多具有强烈的恶臭，且黏性强。畜禽加工原材料的成分比例如表4-3所示。例如，内脏中水分约占65%，氮约占0.5%，磷酸约占0.35%，钾约占0.09%，pH值约为6.9，但是部位不同，内脏的性状也大不相同。此外，有些内脏不能进行发酵和堆肥，所以选原材料时必须进行分拣。由于死畜禽堆肥不能实现堆肥原料的完全混合，同普通堆肥在条件控制上有一定的不同。堆肥处理死畜禽的过程中，氧含量不能低于5%，最好在10%以上，这样可以很好地维持死畜禽的分解过程。由于死畜本身含水量较大，堆肥处理时应适当减少死畜周围填充剂的含水率。畜禽残体一般来说难以利用，容易被认为是难以堆肥的原材料。但实际上，它是使堆肥产品变成高附加价值有机肥料的宝贵原材料。

表4-3 畜禽加工原材料的成分比例

原材料	pH值	水分（%）	氮（%）	磷酸（%）	钾（%）	电导率
生血液	6.9	92.15	1.38	0.11	0.02	33.3

（续表）

原材料	pH值	水分（%）	氮（%）	磷酸（%）	钾（%）	电导率
处理血液	8.6	64.04	5.76	0.47	0.08	2.5
内脏（胃、肠等）	6.9	64.62	0.50	0.35	0.09	1.1
未孵化的蛋	6.8	50.06	2.06	0.53	0.20	2.4
肺	6.5	79.13	2.75	0.70	0.16	3.3
毛	5.9	52.50	1.15	0.46	0.08	0.7
其他	4.0	43.70	3.24	0.07	0.14	37.5

数据来源：社团法人日本有机资源协会，《堆肥手册》。

（二）种植业废弃物

1. 秸秆类

农田秸秆的有机质含量高，富含农作物生长所需的营养元素，几乎不含杂质，是较佳的堆肥原料，其堆肥产品的农用价值较高。秸秆类具有低水分的特点，一般含水率为8%~15%。稻秸和稻壳的碳氮比为60~70，麦秸的碳氮比为110~120，比堆肥要求的碳氮比高，因此，秸秆类不适合单独作为堆肥的原材料。稻壳的作用是保护稻米，含有质地很硬的硅酸质。若不加工就处理的话，吸水率不高，仅为75%~85%，堆肥化需要很长时间；但稻壳粉碎后，吸水率变为130%~250%，利于堆肥。常见秸秆类的性状如表4-4所示。

表4-4　常见秸秆类的性状

物质	稻秸	小麦秸秆	大麦秸秆	稻壳	粉碎稻壳
水分（%）	9.7~15.0	9.2~11.9	12.0~15.0	9.5~15.0	8.3~9.1
容积重（吨/米^3）	0.05	0.03	0.02	0.10~0.13	0.20
吸水率（%）	300~430	226~498	285~443	75~80	136~250
碳（%）	35.6	37.3	—	33.5~39.8	—

（续表）

物质	稻秸	小麦秸秆	大麦秸秆	稻壳	粉碎稻壳
氮（%）	0.61	0.30	—	0.56	—
碳氮比	58	124	—	60~72	—
纤维素（%）	24.7	—	—	32.0~42.0	—
半纤维素（%）	20.6	—	—	29.0~37.0	—
木质素（%）	7.7	—	—	1.30~38.0	—

数据来源：社团法人日本有机资源协会，《堆肥手册》。

2. 蔬菜尾菜

蔬菜尾菜氮磷钾总量为5%~7%，碳氮比平均值为9，含水率比较高，部分蔬菜尾菜原料成分及其含量见表4-5。

表4-5 部分蔬菜尾菜原料成分及其含量

样品名称	含水率（%）	全氮（%）	全磷（%）	全钾（%）	有机碳（%）	C/N
白菜	94.93~95.90	2.72~5.56	0.56~0.77	4.40~4.99	29.70~35.90	8.57
花椰菜	88.24	4.23	0.53	0.80	34.98	8.27
紫甘蓝	89.62	3.78	0.46	1.57	36.86	9.75
叶用莴苣（生菜）	93.90~94.80	3.56~4.77	0.47~0.61	4.93~5.37	35.00~41.70	10.00
青菜	88.00~88.70	3.99~5.69	0.35~0.54	1.85~2.01	36.68~47.41	9.80
西芹	92.80~94.00	2.76~3.96	0.67~0.82	4.99~6.08	33.03	9.83
萝卜	91.25	4.04	0.52	1.99	36.17	8.94
胡萝卜	87.04	3.23	0.49	2.96	39.51	12.23
平均值	90.67~91.19	3.54~4.41	0.51~0.59	2.94~3.22	35.24~38.14	9.67

数据来源：席旭东，2010年。

（三）食品加工业废弃物

1. 食品加工业废弃物概况

食品加工业废弃物中有机物含量很高，达到40%以上，氮、磷等养分丰富，碳氮比平均为7，但是普遍含有浓缩分离后脱水率差的物质，比较容易腐烂变质，易产生恶臭和寄生虫，应注意保管。主要食品加工业废弃物的肥效成分如表4-6所示。

表4-6 主要食品加工业废弃物的肥效成分

加工品类	样品数（件）	氮（%）	磷酸（%）	钾（%）	胃蛋白酶消化率（%）
乳制品	11	6.94	5.01	0.99	46.55
乳酸饮料	9	6.81	3.92	0.53	44.46
肉类加工	7	8.53	4.73	0.75	55.60
屠宰	2	5.67	1.72	0.14	65.78
清凉饮料	6	6.67	3.87	0.87	53.05
啤酒	10	6.73	3.44	0.65	42.15
面包	10	6.00	3.75	0.58	43.62
酵母	4	7.14	2.38	1.61	51.98
馅料	3	7.71	3.79	0.65	41.26
酱油	4	5.92	2.67	0.33	58.21
黄酱	3	7.08	6.36	2.14	50.72
小麦淀粉	4	9.29	6.77	0.69	70.24
玉米淀粉	2	8.07	4.82	1.01	63.95
橘子加工食品	9	4.39	2.31	0.44	44.33
水产加工品	2	9.80	3.97	0.49	51.16
沙拉酱	3	7.35	2.76	0.58	46.16
制油	2	5.00	6.11	0.64	26.72
平均		7.01	4.02	0.77	50.37

数据来源：社团法人日本有机资源协会，《堆肥手册》。

2. 豆 渣

豆渣干基中一般含蛋白质、脂质、碳水化合物、矿物质和维生素等，营养成分非常丰富，适合用作堆肥原料。豆渣的成分分析如表4-7所示。湿豆渣的含水为80%~90%，极易腐败变质。由于豆渣含氮量较高，堆肥时应适当加入碳素。

表 4-7 豆渣的成分分析

样品	水分(%)	蛋白质(%)	脂肪(%)	粗纤维(%)	灰分(%)	钾(毫克/千克)	钙(毫克/千克)	磷(毫克/千克)	镁(毫克/千克)	铁(毫克/千克)	铜(毫克/千克)
样品1	80.9	5.0	2.2	3.5	0.7	2 900	680	630	360	20	1.3
样品2	84.2	4.1	1.8	2.8	0.5	2 280	550	500	270	10	1.2
样品3	78.2	5.3	2.5	3.7	0.8	4 070	600	810	390	20	1.8
样品4	77.5	5.9	3.8	3.8	0.8	3 520	620	840	420	20	1.8
样品5	78.8	4.9	3.2	4.2	0.8	3 480	740	790	380	10	0.7
样品6	81.3	4.0	1.9	4.0	0.6	2 750	780	590	290	10	0.7
平均值	80.2	4.9	2.6	3.7	0.7	3 160	662	693	352	15	1.3
干基质	0.0	24.5	13.0	18.4	3.5	15 940	3 340	3 490	1 770	80	6.5

数据来源：社团法人日本有机资源协会，《堆肥手册》。

3. 啤酒泥

啤酒泥的成分分析如表4-8所示。

表4-8 啤酒泥（干基质）的成分分析

项目	分析结果	项目	分析结果
水分（%）	10.3	碳氮比	14
碳（%）	40.7	纤维（%）	60.7
氮（%）	2.9	蛋白质（%）	24.28

数据来源：社团法人日本有机资源协会，《堆肥手册》。

4. 酒渣

酒渣含有大量的有机质，但氮、磷、钾含量偏低，含水率约为90%，堆肥过程中通过微生物降解有机质，可以产生氮、磷、钾等，提高有机肥的质量。不同原料制成的酒渣成分分析如表4-9所示。

表4-9 不同原料制成的酒渣成分分析

原料	水分（%）	BOD（毫克/升）	pH值	氮（%）	磷酸（%）	钾（%）
甘蔗	93.5	41 900	4.2	0.24	0.03	0.18
小麦	—	37 700	3.7	0.39	0.04	0.04
红糖	95.1	—	4.2	0.49	0.04	0.89

数据来源：社团法人日本有机资源协会，《堆肥手册》。

5. 咖啡渣

咖啡渣的成分分析如表4-10所示。

表 4-10　咖啡渣的成分分析

项目	咖啡渣A	咖啡渣B	咖啡渣C
水分（%）	66.3	3.7	5.0
表观比重（克/毫升）	—	—	0.55
pH值	5.8	5.9	5.10
EC（毫西门子/厘米）	—	—	0.65
有机物（%）	98.8	98.9	98.7
粗脂肪（%）	—	—	6.1
全碳（%）	—	—	55.2
全氮（%）	1.99	2.00	2.17
碳氮比	—	—	25.4
NH_4^+-N（毫克/千克）	—	—	3.68
NO_3^--N（毫克/千克）	—	—	0.14
P_2O_5（%）	0.24	0.22	0.24
K_2O（%）	0.27	0.26	0.44
CEC（厘摩尔/千克）	—	—	26.5
CaO（%）	0.24	0.18	0.14
MgO（%）	0.26	0.24	0.20
MnO（毫克/千克）	36.8	37.3	—
B_2O_3（毫克/千克）	3.3	13.0	—
Fe（毫克/千克）	1 190	1 970	44
Cu（毫克/千克）	39	25	18
Zn（毫克/千克）	15.0	9.0	6.7
As（毫克/千克）	0.09	0.06	<0.10

（续表）

项目		咖啡渣A	咖啡渣B	咖啡渣C
Cd（毫克/千克）		未检出	未检出	<0.10
Hg（毫克/千克）		0.03	0.03	0.02
水溶性酚（%）		—	—	840
氮元素的无机化比率（%）	7天后	<0	<0	<0
	14天后	<0	<0	<0
	28天后	<0	<0	<0

数据来源：社团法人日本有机资源协会，《堆肥手册》。
注：成分以干基质表示。EC为电导率值；CEC为阳离子交换量。

6. 精糖渣饼粕与甘蔗渣

精糖渣饼粕与甘蔗渣的成分分析如表4-11所示。

表4-11　精糖渣饼粕、甘蔗渣的成分分析

成分	精糖渣饼粕	甘蔗渣
水分（%）	74	42
有机物（%）	60	91
全氮（%）	1.77	0.39
磷酸盐（%）	1.57	0.09
钾盐（%）	0.62	0.25
CaO（%）	2.43	—
碳氮比	34	105
有机碳（%）	—	41

数据来源：社团法人日本有机资源协会，《堆肥手册》。

7. 果实残渣

柳橙渣与苹果渣的成分分析如表4-12所示。

表 4-12 柳橙渣与苹果渣的成分分析结果

材料	水分(%)	TS(%)	VTS(%)	RTS(%)	VTS/TS	NH_4^+-N(%)	有机氮(%)	T-N(%)	PO_4^{3-}(%)
柳橙残渣	87	13	12.5	0.5	96.1	0.009	0.193	0.202	0.042

材料	水分(%)	粗蛋白质(%)	粗脂肪(%)	NFE(%)	粗纤维(%)	粗灰(%)	单糖(%)	多糖(%)	果胶(%)
苹果渣	79.7	0.9	0.9	14.2	3.9	0.4	2.3	2.7	2.9

数据来源：社团法人日本有机资源协会，《堆肥手册》。

（四）木质废弃物

木质废弃物的水分含量低，富含纤维素和木质素，分解所需的时间长，甚至不易分解，能较长时间保持原有的形态，通风性好，能确保好氧分解正常进行。

1. 树　皮

树皮的堆积过程中C/N及有机成分的变化如表4-13所示。

表 4-13 树皮的堆积过程中 C/N 及有机成分的变化

堆积时间	碳含量(%)		氮含量(%)		碳氮比		可溶性碳水化合物(%)		纤维素(%)		木质素(%)		还原糖(%)	
	针叶	阔叶	针叶	阔叶	针叶	阔叶	针叶	阔叶	针叶	阔叶	针叶	阔叶	针叶	阔叶
原材料	51.7	49.2	0.30	0.37	172.2	133.0	14.5	16.2	34.7	28.0	31.5	27.9	42	40
30天	48.9	43.4	1.17	1.27	41.8	34.2	11.8	12.2	33.4	25.2	31.8	28.1	41	38
70天	47.8	43.4	1.11	1.22	43.1	35.5	11.4	11.1	34.1	23.2	31.4	30.5	42	35
140天	45.5	40.0	1.19	1.79	38.2	22.3	10.6	8.8	26.6	17.1	33.1	35.1	36	29
350天	40.4	37.5	1.31	1.98	30.8	18.9	9.3	7.5	21.5	9.9	33.0	35.7	34	21

数据来源：社团法人日本有机资源协会，《堆肥手册》。

2. 锯屑和木屑

木材加工时产生的锯屑和木屑，在加工前由于被人为或自然干燥，水分含量比较低。其中，锯屑的含水率为25%~45%，木屑的含水率为15%~30%，可以作为调整堆肥原料水分的调整材料，或作为高含水率的畜禽粪尿、厨余垃圾的辅料。虽然锯屑、木屑的产量和供给不稳定，并且和树皮一样，碳氮比在100以上，不易分解，但是能够很好地保持通风性，所以在供给稳定、能够保证堆肥产品品质的情况下，可以充分加以利用。

三、绿色食品生产用有机肥料的原料配比

（一）原料调节

一个好的堆肥系统首先面对的就是起始物料的配比，以保证有合适的孔隙、含水率、碳氮比及热值。在实践中，通常采用的调整配比方法包括：加入有机的或无机的调理剂、加入膨胀剂（如木屑、花生壳等）、堆肥产品回料，以上3种方法的结合使用。无论是基质，还是调理剂或膨胀剂，都属于原料的一部分。

图4-1为堆肥原料调节常用的方式。

切碎

加入干物料

补水

接种菌剂

图4-1 堆肥原料调节

1. 调理剂和膨胀剂的使用

调理剂 调理剂是一种加入其他基质内，以调节原料混合物性质（如含水率、质地、碳氮比等）的物料。主要有结构调理剂和能量调理剂两种。结构调理剂：一种有机的或无机的物质，加入基质后可降低其容重并且增加气体空间，以允许适当的通风。能量调理剂：一种有机物质，加入后可提高可降解有机物在混合物中的数量，因此可以提高混合物的能量。调理剂已被广泛用于湿基质调节，包括木屑、稻草、泥炭、稻壳、棉壳、庭院废弃物、蛭石等。理想的调理剂干燥、容重小、可降解。堆肥产品再循环可使混合物的容重变小，在这个意义上，参加再循环的堆肥产品就可称为调理剂。然而，再循环的堆肥不同于其他的调理剂，因为在循环时，不需要在加工过程中加入新的物料。用湿基质堆肥时，再循环的产品经常与调理剂一起用，再循环的优点是可以减少加入调理剂的数量。

膨胀剂 膨胀剂是一种有机或无机的物质，主要用来保持堆肥基质的结构和通气性，使堆体不致坍塌。有时也称作"蓬松剂"或"蓬松颗粒"。膨胀剂形成三维的固体颗粒结构，通过颗粒之间的相互联系可以自我支持。如果膨胀剂是有机的，还可提高混合物的能量含量。3~5毫米长的木屑是应用最普遍的膨胀剂，其他材料包括花生壳、树木修剪物等。

2. 湿基质的处理

湿基质含水率可达70%~80%，如果水分得不到控制，会导致堆肥温度降低和操作无效。通常，有机物料的水分含量越高，就需要越大的空间以保证充分通风。粪便属不易碎的物料，缺少多孔结构，具有可塑性，物料自重也会使料堆变得更加紧实，这样孔隙体积会变得更少，使得堆肥十分困难。

对于湿基质，在操作时应注意：原料要进行结构调节，以获得易碎的混合物料,如添加锯末、秸秆等;进行能量调节,使得堆肥启动快速,保证热动力平衡,包括添加能值高的物料或添加接种剂;另外,要考虑通畅的空气供应系统和温度控制系统,还要保护堆肥混合物免受风雨的侵蚀,因为水分含量过高堆制就很难进行。

风干 除了用回流产品和调理剂进行水分调节外,还可以在堆肥前对湿基质进行风干脱水,去除表面多余的水分。风干一般仅在蒸发量超过降水量的干燥地区适用,另外,风干脱水只局限于相对稳定的基质(如粪便等)。风干是一种有效的且成本低的结构调节方式,也是能量调节的方式之一。

烘干 提高湿基质固相含量的另一种方法是在堆肥前对基质进行加热烘干,也称为"热脱水"。烘干和风干一样能很好地完成湿基质的水分调节,保留可生物降解的固相,除去多余的水分。同时,烘干一般不会受外界环境影响。烘干所需设备投资与运行成本均比较高,因此,堆肥一般不采用烘干法来调节基质湿度。除直接烘干外,烘干的另一种方法是把堆肥基质和回流产品一起加热以更好地调节水分含量,这时若把堆肥基质固相从50%干燥到70%,则1克固相堆肥应去除0.57克水分,显然要比直接烘干基质成本低。

3. 干基质的调节

干基质一般都是易碎多孔的,不必像湿基质一样进行结构调整,且干基质很少需要膨胀剂。但为了使结构更合理,须进行预处理以减小粒径,并要分离杂质。

【案例】

50吨/天的风干粪便,固相含量为60%,与25吨/天固相含量为55%的园林废弃物、25吨/天固相含量为65%的回流堆肥混合。要求初始混合基质水分含量为50%,计算所需水分。

解:

第一步,设置基本变量。X_s为每天生产的主要基质的湿重;X_r

为每天物料循环的湿重；X_a 为每天进入堆肥混合物的调理剂的湿重；X_w 为每天加入的水的质量；X_m 为每天进入堆肥过程的混合物料的湿重；S_s 为堆肥基质中的固相比；S_r 为固相中的循环物料比；S_a 为调理剂固相比；S_m 为进料混合物的固相比。

第二步，计算初始基质要求的固相含量，$S_m = 1-0.50 = 0.50$。

第三步，计算水分量 X_w。

$X_w = [X_S(S_S-S_m)+X_a(S_a-S_m)+X_r(S_r-S_m)]/S_m$　　（$X_w>0$）

$X_w = [50 \times (0.60-0.50)+25 \times (0.55-0.50)+25 \times (0.65-0.50)] \div 0.50$

$X_w = 20 \times 2\,000 \div 0.83 = 21\,817.25$（升/天）

第四步，计算不加水的 S_m 值。

$X_S+X_a+X_r = X_m$

$S_S X_S+S_a X_a+S_r X_r = S_m X_m$

$X_m = 50+25+25 = 100$（吨/天）

$S_m = 50 \times 0.60+25 \times 0.55+25 \times 0.65 = 0.60 = 60\%$

当水分含量达到40%~50%时，堆肥过程受水分限制很明显。因此，利用干基质进行堆肥时须随时加水防止干燥。

4. 营养调节

某些基质可能除了需要进行水分和孔隙调整外，还需其他的调节。例如，有些富纤维物质（如园林废弃物）可能缺少微生物快速增长的必需营养，所以，须对初始基质进行调节，以保证微生物有合适的环境生长繁殖。

另外，堆肥基质需要一些无机营养来保证微生物的生长。在堆肥系统中对氮的需求比其他无机营养物高，所以主要调节氮营养。

在好氧代谢过程中，微生物利用1份氮需要15~30份碳，即碳氮比为15~30。如果碳氮比增加，则堆肥时间延长，如碳氮比为20，堆肥需要12天，如碳氮比为78，则需要21天。含氮量低会造成"氮"营养受限，限制微生物生长，影响整个堆肥进程。去除一部分高含碳物质或（和）加入一些高含氮物质可以解决高碳氮比的问题。

如果碳氮比小于15，则氮过量，不会出现氮限制的情况。关于堆肥的文献中通常认为混合基质的碳氮比必须在15~30范围内，其实不然，只是碳氮比为15~30时可避免氮营养受限。当碳氮比小于15时，过量的氮会随氨的挥发而损失。

应用碳氮比时一般假定碳源和氮源基质都是易降解的。应注意的是，对于难降解的有机氮，则不管碳氮比是多少，这部分氮都是无效的。所幸的是，自然状态下基质所含的氮绝大部分是在蛋白质分子中，相对易降解。另外，如果存在难降解的碳源基质，即使是高碳氮比，也不会影响堆肥进程，因为这部分碳几乎不参与微生物的分解和合成。

（二）原料预处理

原料预处理是堆肥生产的一个重要环节，对堆肥化进程、发酵效果及产品质量影响极大，然而其在堆肥实践中却往往被忽视。

1. 预处理对堆肥的影响

由于常用的堆肥原料要么是没进行任何处理的新鲜物料，水分大、杂质多，如畜禽粪便中通常混杂有大量秸秆或垫料；要么放置时间较长，形成了大小不一块状的物料，如干鸡粪等。即使是一致性较好的原料，原料间也存在粒度的差异。这里重点讨论物料粒度对堆肥的影响。

对发酵速度的影响 物料粒度过大，不仅影响水分调节的效果，而且也影响混合的均匀度，特别是一些较大团块或纤维素含量较高的物料，如不破碎或不破碎到一定程度，会造成微生物分解速度减慢。例如，常见的稻秸堆肥，如果稻草不加以粉碎，即使在夏季，完全腐熟也需要2个月左右；如将稻草切成长10厘米左右的小段，完全腐熟则不到1个月；如果将稻草磨成粒径为3~5毫米的草粉，完全腐熟只需要10~15天。由此可见原料预处理对发酵速度的影响。

对发酵效果的影响 不仅原料水分、碳氮比、碳磷比及pH值等影响发酵效果,物料粒度也影响发酵效果。堆肥过程中,通常能够观察到一些较大的团块没有发酵或发酵不彻底,主要原因是团块较大时,要么水分吸收过多,含水量过大,物料内部处于一种厌氧状态,好气性微生物不能繁殖或存活,要么是团块吸水性较差,物料内部水分过低,微生物无法繁殖。

对产品质量的影响 堆肥过程中,如部分物料没经发酵或发酵不彻底,会相应增加未降解有机物的比例,同时也会提高病原微生物发生的概率;如部分物料处于厌氧发酵,该部分物料的养分损失也大,同时厌氧性病原微生物发生或繁殖的概率也高,对产品质量会产生较大影响。

2. 预处理环节

原料预处理涉及水分调节、粒度及均匀度调节、养分调节以及碳氮比、碳磷比、pH值调节等,通俗来说,就是涉及物料的破碎、相互搭配及均匀混合。

水分调节 由于堆肥原料水分差异大,而堆肥对水分又有比较严格的要求,通常采取物料水分高低搭配、干湿混合的办法进行水分调节。当主料水分含量较高时,应搭配较低水分含量的辅料;当主料水分含量较低时,辅料的干湿状况对水分调节不会产生大的影响;当主料与辅料水分含量都高时,应优先选择干燥的辅料或部分易干燥的主料,但应以成本最低化为原则。

粒度调节 堆肥有机物的分解主要发生在物料颗粒的表面或接近颗粒表面的地方,物料比表面积越大,也就是说物料颗粒越细,有机物的降解速度越快,但其前提条件是需要有足够的氧气供应。通常情况下,当物料粒度达到一定限度后,它和孔隙度是成反比关系的。生产和日常生活中,经常遇到物料过细遇水呈"面糊"状的现象，所以粒度调节是为了寻求物料比表面积和物料空隙度的平衡，保持物料较好的自然供氧量，维持较高的堆肥有机物分解速率。一般堆肥物料适宜的粒度范围为3~15毫米，最佳粒度范围为5~10毫米。不同的发酵或供氧方式对物料粒度要求不同，条垛式或静态堆肥取上限，而具有曝气系统或强制性通风系统的则取下限。常用的粒度调节方法有破碎法和混合法。破碎法就是将大的物料用粉碎设备破碎至合适的粒度；混合法就是将高水分、过细的物料与适宜粒度的干物料混合，调整至适宜的粒度。实际生产中一般是两种方法同时使用。

均匀度调节 在堆肥调节过程中，与粒度调节密切相关的还有均匀度调节，即原料的混合均匀度。均匀度调节的好坏不仅影响粒度调节，而且也影响水分、碳氮比、碳磷比、pH值等调节，并最终影响发酵效果。由于均匀度调节目前还没有一个量化标准，只能采取目测或通过随机取样检测水分、碳氮比、pH值等进行判断，而在生产实践中往往被忽视。

养分调节 堆肥的养分调节是一个易被忽视的环节，也是导致堆肥产品质量和应用效果不稳定的重要因素。几乎目前所有的堆肥设计和生产都没考虑过养分调节，而堆肥产品的实际应用效果又主要是由养分决定的。不同的碳、氮、磷含量可以获得相同的碳氮比、碳磷比，但在肥料产品中却形成了不同的养分含量。所以在项目和产品设计中，应首先确定产品类型，根据产品类型估算出碳、氮、磷等指标基数，再根据现有物料的碳、氮、磷含量的实际数，按照碳氮比、碳磷比确定值和发酵过程中碳、氮的挥发量，计算出应补充的碳、氮、磷数量。

碳氮比、碳磷比、pH值调节 大量研究表明，快速堆肥适宜的碳氮比为（20~40）:1，碳磷比为（75~150）:1，pH值为5.5~9.0；最适碳氮比为（25~30）:1，pH值为6.5~8.0。堆肥过程中，应根据原料类型，结合养分调节，选择合适的碳氮比、碳磷比、pH值。

四、小　结

本章系统介绍了有机肥料生产常用的肥料种类、原则和要求，以及绿色食品生产中的有机肥料原料的种类、性质、配比和预处理方法，主要内容小结如下。

①我国畜禽粪便、农作物秸秆等有机废弃物产生量巨大，合理利用可替代大量化肥并改善农田生态环境。有机肥原料可分为畜禽废弃物、秸秆、食品加工业废弃物、木质废弃物等类型，其养分含量和理化性质差异很大，选择时须考虑来源的广泛性和稳定性。

②各类原料的碳氮比、含水率、粉碎难易程度不尽相同。畜禽粪便含氮量高、易腐熟；秸秆富含碳，需要粉碎或破碎。科学的原料配比是有机肥高效发酵的关键，通过添加调理剂调节混合物料的水分、孔隙度和碳氮比，满足微生物生长繁殖的需求。

③原料的预处理（如破碎、筛分去杂、充分混合等）能加快微生物分解代谢的速度，影响发酵效果和产品质量。水分调节、粒度均匀化、养分平衡是预处理的重点环节。此外，发酵过程中应注意通风、温度等影响因素。

④绿色食品生产对肥料有严格的要求。AA级产品只能使用农家肥、有机肥、微生物肥等天然肥料，A级产品可在此基础上限量使用符合标准的化肥产品。动物粪便须充分腐熟，有机肥须达到相应国家或行业标准。不得使用未经处理的污泥、垃圾等有害物质。

综上所述，有机肥料生产以畜禽粪便、秸秆等有机废弃物为主要原料，通过科学配比、预处理等工艺使其转化为优质肥料产品，是实现农业绿色发展的重要途径。在绿色食品生产中，应严格遵守相关标准，最大限度利用天然有机肥源，保障农产品质量安全。

第五章 绿色食品生产中有机肥料制作方法

一、堆 肥

堆肥是指在受控的有氧环境中,通过微生物代谢(发酵)使生物质废弃物中可降解组分分解转化成可被植物利用的养分的过程。

(一)场地准备

1. 选址(图5-1)

运输便利性 有机物料的资源状况是堆肥设施选择的主要限制因素,建设一个堆肥项目,要求有本地化、充足、稳定的原料作保证。堆肥处理设施选址时,应利于有机物料的收集、运输以及产品的输出。

图5-1 堆肥选址

第五章
绿色食品生产中有机肥料制作方法

环境协调性 考虑到臭气对周边环境的影响，堆肥点应建在离村镇人口聚集地较远的地点。

2. 平面布局

堆肥设施平面布置的方法是依据场地的地形、所在地常年主风向及周边道路交通情况，按照有利于生产、有利交通、有利环境保护的原则进行布局。典型堆肥厂区布局如图5-2所示。

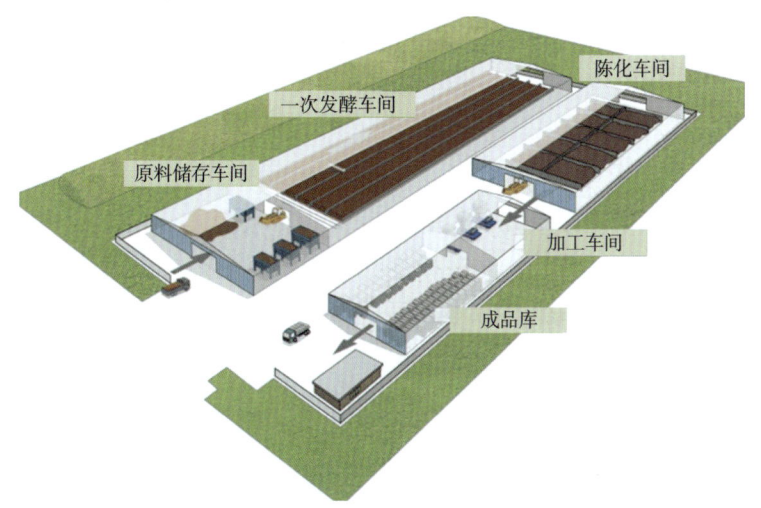

图5-2 典型堆肥厂区布局

一般堆肥点包括原料区、发酵区和加工储存区。物料流动方向为原料区→发酵区→加工储存区，随着物料在系统中停留时间的增加，物料水分逐渐减少，调节碳氮比，臭味逐渐减弱。在平面布置时，原料区、发酵区应布置在下风向以利于通风，减少臭味对周边环境的影响。

（二）有机物料预处理

1. 堆肥条件

堆肥生产中，如果仅仅通过感官或经验来判断原料搭配是否合理、水分调节是否适宜，往往偏差较大，特别是当原料或工艺发生变化时，差异会更大，这也是造成产品质量不稳定的重要原因。要优化堆肥条件和配方，必须按照原料理化参数，通过科学的计算来确定。堆肥配方的形成就是对碳氮比和水分的平衡过程，目的是使它们均处于合理的范围内。通常一个指标先调整合适后，堆肥的配方就可基本确定下来，若需要进一步调整比例，则一般要在不明显影响第一个指标的情形下对第二个指标进行优化。

（1）碳氮比（C/N）

堆肥过程中，碳素是堆肥微生物的基本能量来源，也是微生物细胞构成的基本元素。堆肥微生物在分解含碳有机物的同时，利用部分氮素来构建自身的细胞体，氮素还是构成细胞中蛋白质、核酸、氨基酸、酶、辅酶的重要成分。

据研究，一般情况下，微生物每消耗25克有机碳，需要吸收1克氮素，微生物分解有机物较适宜的碳氮比为（25～30）∶1。碳氮比过高，微生物生长繁殖所需的氮素来源受到限制，微生物繁殖速度低，有机物分解速度慢，发酵时间长，有机物料损失大，腐殖质化系数低，并且还会导致堆肥产品碳氮比高，施入土壤后易造成土壤缺氮，从而影响作物生长发育。碳氮比过低，微生物生长繁殖所需的能量来源受到限制，发酵温度上升缓慢，氮过量并以氨气的形式释放，有机氮损失大，还会散发难闻的气味。合理调节堆肥原料的碳氮比，是加速堆肥腐熟，提高腐殖化系数的有效途径。

常见有机物料的含碳量一般为40%～55%，但氮的含量变化却很大，因此碳氮比的变幅也较大。一般禾本科植物的碳氮比较高，为40～60，畜禽粪便碳氮比较低，为10～30。为达到理想的有机物分解速度，通常用碳氮比较高的秸秆粉、草炭、蘑菇渣等与碳氮比较低的畜禽粪便进行混合调整。

（2）水　分

堆制过程中保持适宜的水分含量，是堆肥制作成功的首要条件。由于微生物大都缺乏保水机制,所以对水分极为敏感。当含水量在35%~40%时,堆肥微生物的降解速率会显著下降;当含水率下降到30%以下时,降解过程会完全停止。通常有机物吸水后会膨胀软化,有利于微生物分解。水分在堆肥中移动时,所带菌体也会向四周移动和扩散,并使堆肥分解腐熟均匀。水中溶解的各种物质会为微生物提供营养,并为微生物的繁殖创造条件。水分太少,微生物活动受限制,影响堆肥速度;水分太多,会堵塞堆肥物料间的空隙,影响其通透性,易形成厌氧状况,并产生臭气,养分损失大,堆肥进程也同样缓慢。堆制过程中不同的原料具有不同的最适水分上限,并由这些原料物质的粒径和结构特性所决定。对于绝大多数堆肥混合物,推荐的含水率为50%~60%。

(3)容 重

水分调节可改善通气性,同时也可调节容重。相同的水分条件下,有机物料容重越小,堆肥化过程中的温度上升越快。

(4)粒 径

堆肥物料的分解主要发生在颗粒的表面或接近颗粒表面的地方,由于氧气可以扩散进入包裹颗粒的水膜,所以这些地方有足够的氧气满足有氧代谢的需求。

在相同体积或质量的情况下,小颗粒要比大颗粒有更大的表面积。所以如果供氧充足,小颗粒物料一般降解得快一些。一般推荐的颗粒粒径为0.32~1.27厘米。

(5)pH值

pH值是影响微生物生长繁殖的重要因素之一。多数堆肥微生物适合在中性或偏碱性的环境中繁殖与活动。堆肥中一般推荐的pH值为6.5~8.5。

常见堆肥用有机物料如畜禽粪便、作物秸秆、草炭、蘑菇渣等一般不需要进行pH值调节,但当有机物料pH值偏离正常堆肥pH值

（5~9）较大时，须进行pH值调节。当pH值偏酸性时（低于5），通常用石灰调节，有时为减少氮素损失，也用碱性磷肥调节；当pH值偏碱性时（大于9），可以通过添加氯化铁或明矾来调节，有时也用强酸或堆肥返料进行调节。

2. 有机物料预处理方式

（1）工艺选择

堆肥工艺流程如图5-3所示。其中，预处理工艺在处理各种有机物料的过程中，通过调节水分、有机物，改善通气性，使原料符合发酵的条件。实践中常根据各种有机物料的不同性质调整配比，使混合有机物料的水分和碳氮比等重要参数符合堆肥要求，并在充分混匀的同时添加高效微生物菌种以促进发酵过程快速进行。

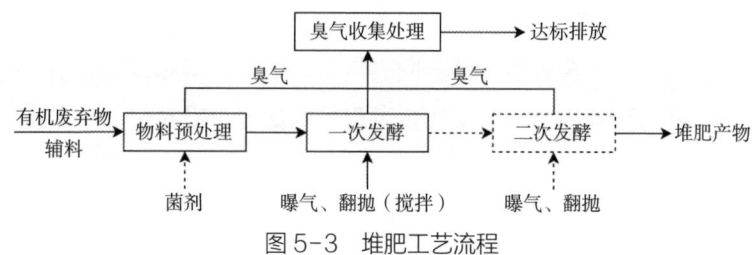

图5-3 堆肥工艺流程

进行有机物料预处理时，首先筛分原料中的石块等大颗粒和不可降解的杂物，然后将植物残茬、动物粪便等有机物料按照配比加入，同时按比例要求喷洒微生物菌剂并与有机物料均匀混合。

为了使原料的水分和有机物含量符合发酵应具备的条件，预处理工艺包括添加工艺（辅料的添加）、返送工艺（二次发酵堆肥返送混合）、干燥工艺（利用外部能量进行干燥）等多种方式。根据原料的水分、有机物含量、堆肥产品的生产需求量、辅料获得的难易程度、选址条件，可以单独或组合使用上述工艺，达到较好的预处理效果。

（2）配套设备

由于用作堆肥的原料种类繁多，不同原料水分含量各异，即使同一原料因季节、年份或收集方式的不同也存在较大差异，因此须设置原料储存及预处理系统。一般情况下，为了提高土地利用率，可将原料储存和预处理置于同一建筑物内。

储存过程中，通过物料水分的自然挥发，可有效降低物料水分，有利于后续工艺阶段原材料的处理和搭配（配方），降低生产成本，提高发酵效率。通常可采用阳光棚进行该类物料的储存，通过光照提高棚温，促进水分的快速挥发。

原料储存及预处理系统常用设备如下。

输送设备 接受原材料、辅料和堆肥返送料，并暂时保存，稳定供给发酵原料。

混合设备 为了使原料符合好氧发酵的条件，在确定原料、辅料和堆肥返送料的数量之后，在混合设备中进行原料混合。

脱水设备 畜禽养殖场的畜种、饲养方式、有无输出垫料和畜禽粪便的输出方式不同，会排放出性质各异的粪便，且通常含水率很高（87%~95%），不能直接输入发酵设施中，要进行预处理，即设置脱水设备，实行固液分离后，把固态粪便输入发酵设施进行处理。

干燥设备 使用畜禽粪便等含水量高的原料进行堆肥时，在很难获得辅料或为了使堆肥返送料的水分低于所规定的值时，需要配备干燥设备。另外，若过量使用辅料和堆肥返送料，会导致投入发酵的物料中有机物含量减少，影响好氧发酵顺利进行，为减少添加物的使用，利用干燥设备将原料干燥。

粉碎、分拣设备 堆肥原料预处理常用的粉碎设备有链式粉碎机和锤式粉碎机，链式粉碎机适合于纤维含量少、硬度偏小的半湿物料粉碎，应用较多；锤式粉碎机适合纤维含量高、硬度较大的干物料粉碎；高速粉碎机一般很少使用，仅在对一些特殊物料进行处理时才使用。

有机物料预处理的配套设备如图5-4所示。

多作物原料粉碎机　　　多螺旋桨叶式连续混合机　　　移动式布料皮带机

图 5-4　有机物料预处理的配套设备

（三）堆制及其过程管理

1. 堆肥工艺原理

高温好氧堆肥技术的原理实际上是一个微生物发酵的稳定化过程，有机物料在微生物的分解作用下，变成CO_2和小分子有机化合物（有机质），实现有机物料的降解，同时，堆肥物料也聚集大量的热使堆体的温度达到55℃以上，并且持续一段时间，对病原菌和杂草种子等有杀灭作用，是实现堆肥有机物料无害化的过程。

好氧堆肥是在有氧条件下，好氧细菌对有机物料进行吸收、氧化、分解的过程。微生物通过自身的生命活动，把一部分被吸收的有机物分解成可被植物吸收利用的简单无机物，同时释放出微生物所需的能量，而另一部分有机物则被合成为新的细胞质，使微生物不断生长繁殖，产生更多的生物体。在有机物生化降解的同时，伴有热量产生，需要消耗大量的氧气，因此堆肥是一个高温好氧过程。堆肥工艺原理如图5-5所示。

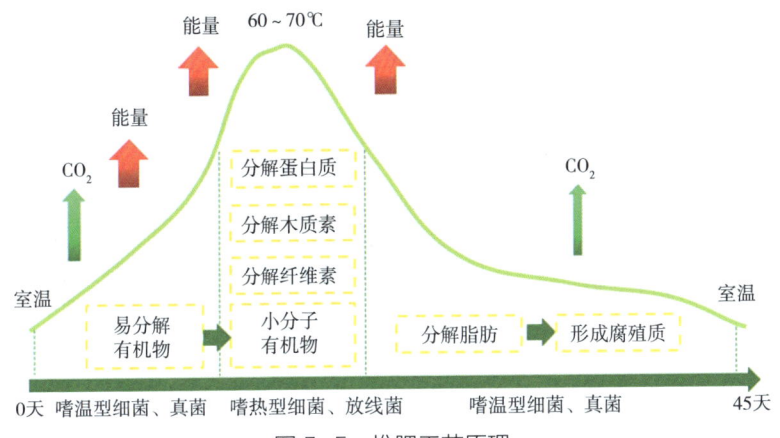

图5-5 堆肥工艺原理

2. 堆肥工艺类型

（1）条垛式好氧发酵工艺（图5-6）

条垛式好氧发酵工艺的典型流程为用轮式装载机将物料堆积成三棱形堆体，为保证堆体中的碳氮比和含水率，须先将各种有机物料进行混合。发酵过程中堆体温度可达75℃，通过翻堆机械可保证堆体内的氧气供应，翻堆的过程是将物料向后甩，整个堆体向后移动几米，翻堆频率大约为每周2次，整个发酵过程需要5~6周的时间。

条垛式好氧发酵工艺的优点：工艺简单，操作简单。缺点：无法精确控制堆体的温度，不能保证堆体时刻在最佳温度下反应；对堆体中的氧含量无法控制，大部分时间堆体处于厌氧或兼氧发酵阶段，臭气产生量大，氮损失量大，堆出的产品肥效较差；工作环境差，对周边环境影响大；发酵周期长，占地面积大。

该技术是早期传统的高温好氧发酵方法之一，在各地应用较为广泛，近年来覆盖式膜堆肥发展较快，成为条垛堆肥的重要组成部分。

图 5-6　条垛式好氧发酵工艺

（2）槽式好氧发酵工艺（图5-7）

槽式好氧发酵工艺改变了条垛式好氧发酵工艺露天发酵的方式，将发酵槽设置于厂房中，发酵槽的尺寸一般根据所处理物料量的多少及选用的翻堆设备型号来决定。槽式好氧发酵工艺通过翻抛机搅拌并使物料后移。翻抛机搅拌的过程，是对堆体进行打碎、混匀的过程，避免发酵过程中堆体过分密实，提高了堆体的疏松度，有利于对堆体充氧；同时，通过翻抛，可以使最底部物料和最上部物料也能经历高温过程，发酵的产品更加均匀。发酵槽底部安装有通风管道系统，通过强制通风保证发酵过程中所需的氧气。物料一般在入槽后3天即可达到45℃，在槽内要求在55℃以上持续7天左右，发酵周期为2~3周。

图 5-7　槽式好氧发酵工艺

槽式好氧发酵工艺的主要优点：操作方便简单，自动化程度高；堆制产品质量高，均匀度好；可以精确控制温度和氧气含量，节能效果好；车间的臭味少，工作环境好；发酵周期短，堆体高度高，占地面积少；不受气候影响。

（3）反应器式好氧发酵工艺（图5-8）

20世纪80年代后，世界各国研发出大量的反应器堆肥系统，被称为"容器系统""消化器"或"发酵器"。

与传统堆肥方式相比，反应器好氧堆肥方式具有堆肥周期短、占地面积小、易实现自动化控制和二次污染小等优点，具有良好的应用前景。

堆肥反应器设备具有改善和促进微生物新陈代谢的功能，在发酵过程中要操作运行翻堆、曝气、搅拌、混合、协助通风等设施控制堆体的温度和含水率，同时在反应器中还要解决物料移动、出料的问题，最终达到提高发酵速率、缩短发酵周期、实现机械化生产的目的。

常见的反应器堆肥类型包括筒仓式堆肥反应器、塔式堆肥反应器、滚筒式堆肥反应器、混流箱堆肥反应器等。

图5-8 反应器式好氧发酵工艺

3. 堆肥过程管理

（1）一次发酵

发酵目的 使有机物料的挥发性物质减少，臭气减少，杀灭寄生虫卵和病原微生物，达到无害化目的。同时使有机物料的性质变得疏松、分散，矿化释放氮、磷、钾等养分，便于储存和使用。

工艺流程 堆肥发酵工艺流程一般包括发酵、翻堆、曝气等环节（图5-9）。堆肥发酵过程中，通过翻抛、曝气等强制供氧方式，在发酵堆体内形成好氧发酵环境。氧的供给情况和发酵车间保温程度对堆肥的温度上升有很大影响。可根据堆肥物料的温度、水分、氧气含量等参数的变化及时进行工艺控制，使堆肥温度可以上升至60~70℃。堆肥周期一般为20~30天，经过一个周期的堆肥，发酵后的物料含水率大幅度降低（一般小于45%）。

图5-9 堆肥过程中的曝气与翻堆

（2）二次发酵（陈化或熟化）

经过一次堆肥发酵后的产物尚未达到腐熟，需要继续进行二次发酵。二次发酵也称堆肥陈化或熟化，目的是将物料中剩余的大分子有机物进一步分解、稳定、干燥，同时为后续的处理利用做准备。

一次发酵后期大部分有机物已被降解，由于有机物的减少及代谢产物的累积，微生物的生长及有机物的分解速度减缓，发酵温度开始降低，此时可将发酵完的物料移至陈化车间进行二次发酵，在陈化环节进行堆垛、翻堆等操作（图5-10）。陈化周期为20~30天，根据生产调整，陈化后期堆肥的温度逐渐下降，稳定在40℃

时，堆肥腐熟，形成腐殖质。当堆肥经过一段时间的熟化并趋于完全稳定后，便可进入储存阶段。

堆垛陈化　　　　　　　　　装袋陈化

图 5-10　堆肥陈化

（3）成品加工

成品加工是对腐熟有机物料进行配料混合、造粒、干燥、冷却、筛分、包装的过程，如图5-11所示。经过陈化的腐熟有机物料呈粉状、棕褐色。产品类型根据市场需求确定。对腐熟有机物料进行筛分，将物料中石块、玻璃片等筛出后，可通过皮带传送机将筛分物料输送到自动打包秤中计量包装。

虽然经过堆肥化处理后，有机物料的可利用物质形态已发生根本性的改变，养分含量也显著提高，但由于堆肥产品总体养分偏低，只能作为基肥使用，应用范围有限，与现有的种植习惯和作物需肥特性存在差距，因此，可以将堆肥产品进一步加工成商品有机肥料及生物有机肥等高附加值产品。

堆肥产品的需求期主要集中在春秋两季，季节变动大，所以必须设置储存场所来储存足够的用量。一般情况下是储存半年的用量。延长二次发酵物料的停留天数，陈化车间也可作为堆肥产品的临时储存场所。

筛分　　　　　　　　　　　配料混合

造粒、干燥　　　　　　　　冷却、筛分、包装

图 5-11　堆肥的成品加工

产品化工艺是提高堆肥产品价值的工艺，包括堆肥的保管，还包括生产符合用户需求的高品质堆肥产品。以前大多数情况下，堆肥产品经过发酵工艺后就直接施入农田，而产品化工序没有受到重视。现在为了提高堆肥产品的价值、生产出满足用户需求的高品质堆肥产品，产品化工艺十分重要。

（四）堆肥设备

1.一次发酵和二次发酵设备

发酵系统设备因堆肥类型而存在差异。条垛式堆肥设备配置简单，功能单一，通过对物料的机械搅动起到翻堆、曝气作用；而槽式和反应器式堆肥设备根据需求可以安装混料系统、布料系统、翻堆系统、曝气系统等。

发酵工艺为设施的核心工艺，分为一次发酵和二次发酵（陈化或熟化），基本设备由发酵设备和通风设备构成。两者可以选择在一个车间或两个独立车间内进行。由于一次发酵和二次发酵两个阶段的控制参数不尽相同，高温快速好氧堆肥工艺一般要求两个阶段分别在两个独立的车间内实现，条垛式堆肥工艺则倾向于将两个阶段合并。

发酵设备 发酵设备是使原料中所含的有机物被好氧微生物分解、稳定，同时通过水分蒸发，使体积减小的设备。有机物在发酵设备中被分解、放热，使发酵设备里的物料温度升高，并维持一定的高温时间，从而可以生产出安全、卫生的堆肥产品。根据堆积情况、搅拌、翻堆方式的不同，处理方式有多种多样，选择设备时应考虑到原材料的条件、占地面积、作业性、环境条件、设备投资和运行成本等各方面因素。此外，还必须采用满足上述温度条件的发酵处理方式。条垛式及槽式堆肥的主要发酵设施为翻堆机，主要作用是通过机械搅动将物料搅拌均匀，促进热量和水分挥发并将物料在堆垛地点或槽内缓慢位移。反应器式堆肥的主要发酵设施为箱式、筒仓式、滚筒式等多种形式的堆肥反应器。

通风设备 为使全部原料在均匀好氧状态下进行发酵的同时蒸发原材料中的水分，在一次发酵设施中应安装通风设备。通过通风，还可以缩短发酵天数。进行二次发酵时，虽然有机物料所需的空气没有一次发酵多，但是通过通风也可以促进发酵的进行。

2.成品加工设备

筛分设备 在发酵过程中，为了除去堆肥产品中混入的一部分未发酵物质和堆肥产品中的异物，以及使堆肥产品的粒径一致，须安装筛分设备。

配料及混料设备 经过好氧发酵处理的腐熟有机物料通过配料及混料设备添加氮、磷、钾养分和功能微生物菌剂等配料，可以生产出有机肥料、生物有机肥料等高附加值产品，进而增加产品经济效益。

包装设备 包装设备是为了使堆肥产品便于处理、储存、运输，而对产品进行包装的设备。把堆肥产品装在铁箱里的铁箱装载机也是包装设备。

（五）就地堆肥案例

平原县属首批有机肥替代化肥试点县，该县位于山东省西北部，德州市中部，总人口46万人，耕地面积104万亩，是国家大型粮棉生产基地县、京津蔬菜园区、畜牧业强县。全县年产畜禽粪便100万吨左右，蔬菜大棚总数超过2万个，蔬菜种植面积超过10万亩。为推动平原县有机肥替代化肥项目的顺利实施，平原县农林局制定了《平原县设施蔬菜有机肥替代化肥实施方案》，并大力推广田间堆肥技术。

本案例从堆肥场地选择、原料准备、堆体制作、过程控制及产品质量评价5个方面对田间就地堆肥工艺和技术进行介绍。

1. 场地选择

①就近原则，将堆肥地点选择在离原料与产品施用农田最近的地点。

②根据生产需要，确定合适的堆肥场地面积。

③建议场地加盖屋顶、棚子、墙体等遮蔽物，以最大限度减小大风、雨雪、光照等天气因素对堆肥过程的影响。

④夯实和平整堆肥场地，雨天应排水良好。

2. 原料准备

一般情况下，畜禽粪便是田间堆肥最主要的原料，而其他农业废弃物（如农作物秸秆、养殖垫料及农产品加工副产物等）则作为辅料，添加到畜禽粪便中，以促进堆肥发酵。

堆肥选料原则 原料的来源要广泛和稳定；原料的各项指标能满足制作堆肥的要求；原料能够快速腐熟。本案例应用的原料是堆肥场附近养牛场的牛粪和附近农户的小麦秸秆。

原料预处理 一般堆肥原料最佳粒度范围为0.5~1厘米。常用的粒度调节方法有破碎法和混合法。破碎法是采用粉碎设备将粒度较大的原料破碎至合适粒度；混合法则适用于将粒度较小并且无法使用粉碎设备的原料与适宜粒度的干物料进行混合，调整至适合粒度。实际生产与实践中，这两种方法一般同时使用。

3. 堆体制作

（1）原料配比

影响堆体能否快速发酵的指标主要有水分和碳氮比（C/N）。

水分 原料混合后最佳初始含水率一般为50%~60%，过高和过低都会影响发酵进程。可先通过检测得出主料和辅料水分含量，再通过水分计算公式计算出主料和辅料的比例。

$$混合原料初始含水率 = \frac{主料水分含量 + 辅料水分含量}{主料质量 + 辅料质量}$$

碳氮比（C/N） 原料混合后堆体碳氮比在（20~40）:1时即可保证发酵的正常进行，最佳碳氮比一般为25:1。

$$原料混合后碳氮比 = \frac{主料全碳含量 + 辅料全碳含量}{主料全氮含量 + 辅料全氮含量}$$

堆肥配方的形成就是对水分和碳氮比两个指标平衡的过程，目的是使它们均处于合理的范围内。处理湿物料时，通常先根据原料水分来设计一个初始配方。常用堆肥原料全氮和全碳含量的参考值可在《堆肥工程实用手册》一书中查询，可以根据参考值计算出原料混合后大致的碳氮比，再逐步调整，获得一个可接受的碳氮比。

处理干物料时，先按碳氮比计算出初始配方，原料混合过程中再通过加水将堆体调节到合理含水率。

（2）原料混合堆垛

使用人工或小型搅拌设备对主料和辅料进行充分混合搅拌。混料后要确保堆体初始含水率控制在50%～60%。现场判断混合原料的含水率有一个小技巧：用手紧握原料，有水从指缝渗出，但不会流下时较合适。原料混合完成后，使用人工或小型铲车等进行堆垛，堆垛的高度要保持在1.5米左右。

（3）堆肥微生物接种

现代堆肥与传统堆肥最大的区别就是接种经过人工驯化、具有不同功能的菌株，促使堆体迅速升温，缩短堆肥时间，提高产品质量。一般在堆垛过程中进行堆肥微生物接种，要按照菌剂使用说明先确定菌剂的使用量（一般为物料质量的1/1 000），再将称好的菌剂用水调成合适浓度（一般为1∶1），然后均匀喷洒于堆垛表面。

选择微生物菌种时须注意：要根据堆肥原料的特点选用合适的菌种，最好选用复合微生物发酵接种剂；要选择标准化生产并通过安全评价的菌种或经农业农村部登记的菌剂产品；如果不具备菌种保藏措施，则不建议自主扩繁菌种。

4. 过程控制

控制指标包括水分、通透性、温度、气味、颜色、发酵时间等。

水分控制　堆肥原料混合后初始最佳含水率一般控制在50%～60%，但因外界温湿度等环境因素以及不同物料理化性质等存在差异，不同地域、不同季节、不同原料的堆肥发酵适宜初始含水率也不同。在堆肥初期要注意观察堆体发酵进程和温度变化。通常若发现堆体不升温，说明堆体可能含水量过低；若发现堆体升温缓慢，说明堆体可能含水量过高。出现上述情形时，须适当调节堆体水分含量，确保发酵的正常进行。

堆体通透性 田间堆肥一般采用好氧发酵，需要氧气参与，所以在整个发酵期须采用人工或小型翻堆机械对堆体进行2~3次翻搅，增加堆体的通透性，保证有足够的氧气参与发酵过程。

堆体温度控制 堆肥过程温度变化要求可概括为：前期温度上升平稳、中期高温维持适度、后期温度下降缓慢。通常第一天堆体温度即可上升到50℃以上，堆肥中期温度维持在50~60℃，严禁突破70℃，因为高于70℃将会导致有益菌死亡，如果堆肥堆过热，可通过翻堆和通风方式散热。堆体高温维持时间一般为5~10天，这个阶段可以将大部分病原菌、虫卵、杂草种子杀死，实现畜禽粪便无害化处理。高温维持时间过长或过短都需要对配方重新调整。发酵温度变化曲线如图5-12所示。

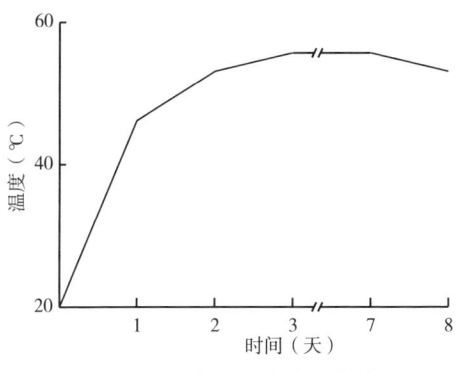

图5-12 发酵温度变化曲线

堆肥的气味 针对堆肥过程中出现的不同气味可以迅速发现堆肥存在的问题，从而制定有效的解决措施，保证发酵的顺利进行。如闻到氨的气味，那么说明堆体物料可能碳氮比过低，可以添加秸秆或木屑等物质作为碳源；如闻到霉味，有可能是堆体物料太潮湿，可以加入一些干物料；如闻到硫的恶臭味，可能是堆体正在进行厌氧发酵,可以对堆体进行翻搅,以改变厌氧状况。

堆体颜色 堆体颜色的变化也可以用来判断堆肥的发酵程度,随着堆肥过程的进行,堆料的颜色会逐渐变深。堆肥过程结束后,一般呈灰黑褐色或浅灰色。

发酵时间 堆肥过程通常分两个阶段,即一次发酵(快速高温发酵期)和二次发酵(陈化期),一次发酵一般持续20~30天,二次发酵一般持续30~40天。

5. 堆肥成品质量评价

可以通过物理、化学、生物三项指标来判断堆肥是否完全腐熟并评价堆肥产品的质量。

物理指标 包括温度、形态、气味和颜色。当堆体温度下降到35℃以下或趋于环境温度且不再升温时,说明堆肥已经基本腐熟。堆肥腐熟后,堆肥产品应呈现疏松的团粒结构,一般情况下颗粒直径小于1.3厘米,堆体不会再产生臭味,不再吸引蚊蝇,堆体呈黑褐色或浅灰色。

化学指标 包括pH值、有机质、碳氮比3个指标。腐熟堆肥一般呈弱碱性,pH值为8~9,水溶性有机质含量一般小于2.2克/升,碳氮比由发酵前的(20~40):1降为(15~20):1。

生物评价指标 即发芽指数(GI)。用堆肥浸提液测试黄瓜种子发芽率,再测量种子发芽后芽和根的长度,计算出GI。

$$GI(\%) = \frac{堆肥浸提液的种子发芽率 \times 种子根长}{蒸馏水的种子发芽率 \times 种子根长} \times 100$$

当GI>70%时,可认为堆肥产品完全腐熟、无毒性。

二、沤 肥

沤肥是指以植物性材料为主,添加促进有机物分解的物料,在淹水的嫌气条件下沤制而成的有机肥料，又称草塘泥、卤肥、窖肥等。沤肥是南方平原水网地区重要的积肥方式，北方也会利用高温多雨季节以野生杂草及绿肥等为原料进行沤制。沤肥制法简易，容易掌握，不受季节和地点的限制。湖南农谚说："冬季拾根棍，春季就是粪，冬季积把草，春季就是宝。"这是农民对沤肥的准确描述。沤肥为富含有机质与多种营养元素的有机肥料，肥效持久，迟速兼备。一般作基肥，也可作追肥，配合速效性氮肥使用，具有培肥改土的作用。沤肥作为一种有机物质较高的偏酸性有机肥，对改良碱性土壤有良好的作用。中国南方稻区特别是长江中下游的水网圩区和西南地区的冬水田中较广泛采用。

（一）沤肥的基本要求

①沤肥要经常淹泡，保持薄层水，隔绝空气，以达到嫌气发酵条件，使坑内温度日变幅较小，腐熟快，对保持养分有利。但应防止在沤肥坑上过水，以免流失养分。

②要注意原料配合。"草无泥不烂，泥无草不肥。"沤肥要把秸秆类材料与泥充分混匀，还要根据季节确定材料配合，冬季及早春沤肥可用园林枝叶、秸秆等，沤肥时应加入适量人畜粪尿或污水，夏季沤肥可用干草料与青草料配合。

③加粪引子（又称粪母子、娘子粪），即用已经腐熟或半腐熟的老卤肥（一般来自家卤或冬卤）接种，增加各种微生物，加速沤肥的分解腐烂。加入腐熟且含氮丰富的有机肥料或速效性氮肥，调节碳氮比并供给微生物生活的营养物。

④勤翻动。冬季20~30天翻一次，夏季5~6天翻一次，使物料上下受热一致，调整过强的还原条件，以利微生物活动，加速腐解。每次翻动加入少量人粪尿，供给微生物所需的氮素营养。有民谣对此进行总结："头道紧踩水浸，二遍细翻成浆，三遍加料加粪，四遍多梳多擂，五六七遍如跑马，勤翻勤沤把肥堆。"

（二）沤肥的类型及沤制方法

1. 凼 肥

凼肥又称垱肥、窖肥，是南方一些地区的一种重要农家肥，是水稻的主要肥料。凼肥制法简单，材料来源广泛，是目前最经济最有效的沤肥方法之一。

（1）材料来源

凼肥的材料来源极为广泛，如秸秆、稻壳、猪粪、牛粪、褥草、人粪尿、旧稻草、茅草，以及田埂、路边与山坡上的草皮等。

（2）设 凼

应选择地势较高、背风向阳、离水源较近、运输施用方便、平坦的空地或田间地头为堆制地点，以便堆积时用水方便和沤制时易保温。为了运输施用方便，堆积地点可适当分散。堆制地点选择好后将地面平整。凼肥沤制时首先必须田中有水，田中无水时凼内干裂，材料不能沤烂，俗称"沤凼要水养，无水作不肥"。每亩田少者设凼3~5个，多者设凼7~8个。设凼一般都把田中泥土向四周扒出作凼埂，埂内面要垂直、打紧，围埂宽35厘米左右，埂高于地面13~20厘米，凼底低于田面10~20厘米（因表土层的深浅而异），埂不宜太高，否则晴天晒干开裂，养分流失，但也不宜太低，以防暴雨或泥水导致塌陷。凼底要挖平，凼埂要压紧，有条件可以用砖和水泥围着土坑内侧堆砌，表面用水泥砂浆摊抹平整，以防养分渗漏流失。凼内经常保持薄水层，注意勤翻凼，促进腐熟。沤肥池的大小可根据沤肥量适当调整。

（3）凼的种类

主要包括季节性凼（冬凼、春凼、夏凼）和家凼。

冬凼 又称母凼，在秋收后或冬天开始沤制，一般都在有水或冬浸田中设凼，将多种作物的秸秆、稻草等倒入，并加入少量人粪尿或少量老凼肥，以起到接种微生物的作用。正月（阴历）开始翻动,在冬季晴天也可翻动,冬凼20~30天翻一次,共翻3~4次,每次翻动加入少量人粪尿,翻动2~3次后多半已相当腐烂。除了用作早稻基肥外,亦可用作养凼的引子。如发现沤肥表面水液有棕色出现,表明呈酸性反应,须加入石灰中和,有利微生物活动。

春凼 又称崽凼、子凼,阴历二月或三月间开始设凼,也可在无水的田中先作好凼埂,放入材料,等雨后(南方春天雨水较多)再开始翻拌沤制。春凼的方法同于冬凼,除了冬凼的材料外,春凼的材料还有山青和绿肥。另外,春天气温较高,沤制的时间较短,农历二月或三月设凼,农历四月下旬就腐烂了。翻动的时间也应该缩短,一般10~15天翻一次,翻2~3次,以加速腐烂。腐烂后可作早稻、中稻的基肥。

夏凼 多设在连作的晚稻田边,等早稻孕穗后将设凼处的早稻连泥一起移到附近的稻行里,留下来的空地经整平培土作凼埂,沤制方法大致同春凼,但其腐烂更快,夏凼每周翻1次,20天左右即可用作晚稻基肥,翻动时亦可加入少量人粪尿。

家凼 属于常年凼,设于庭院附近,挖深、宽均1米左右的坑,接纳日常污水、菜叶等,一年四季不断积沤。这种凼肥质量较高,一年可出肥4次。可直接施用,也可用作粪引子,或起出在平地堆积1个月左右,晾干后打碎施用。

2. 草塘泥

草塘泥又名灰塘灰、塘草粪、塘草泥,利用泥、草、粪等原料沤制而成。草塘泥是稻麦两熟地区及其他稻冬作两熟地区利用冬春罱(音lǎn)的河泥制成稻草河泥,然后在春季青草、绿肥繁茂时期,将大量青草、绿肥沤入稻草河泥中,并加入猪圈肥或其他粪便沤制成草塘泥。草塘泥常作为冬作后水稻的基肥。

材料来源 堆积材料各地不同,但主要是泥、草、粪三类。泥有塘泥、河泥、湖泥、沟泥、田泥等,草有绿肥、稻草、麦草等,粪有猪粪、牛粪、人粪尿及圈肥，配合量略有不同，以河泥用量最多。一般草塘泥肥中绿肥占比40%（体积比），粪肥和圈肥等占比15%~20%，稻草等占比2%，其余全部为河泥；也可以是绿肥稻草占比50%，塘泥、田泥等占比40%，粪肥和圈肥等占比10%。

预制稻草河泥 在冬春之间，挖取河泥等，加入3%左右稻草，稻草长以15~30厘米为宜，混合堆积于河边或空草塘内。经过风化，备用。

设塘 每年春分至清明在冬作田田头地脚有水源处挖塘（坑），长方形、方形或圆形均可。塘的大小以能沤制10吨左右肥料为宜，过小发酵不好。塘内径3米，深1.3~1.6米，挖出的泥土在四周筑埂，埂宽0.6米，埂高0.6米，夯实，防止大雨时肥液外溢，还有增加积肥量的作用。塘沿及内壁均宜压紧，再用熟泥涂抹减少渗漏，塘底要不漏水、肥。然后将冬春预制的稻草河泥加入塘内浸水沤制1个月左右。

调制 4月下旬到5月上旬（谷雨到立夏），绿肥作物开花时，将稻草河泥挖出堆在塘边，同时，将绿肥及圈肥也堆在塘边，塘内先用绿肥铺底，然后将稻草河泥、绿肥或青草、圈粪分层加入，做法：铺一层踩一层，一直到堆满塘为止，上面用草泥封顶，保持5~7厘米水层，做到塘里不漏水。堆后数日即开始发酵，有二氧化碳及甲烷气泡产生，水面有一层红棕色薄膜。

翻塘 沤制1个月后，即在小麦收割前进行翻塘，目的是促使有机物质腐烂分解，达到生肥变熟肥。把塘底的肥料全部翻出，将塘内沤制物翻捣均匀彻底，翻后以水分成泥浆状为宜，不再泡淹，加盖稻草，保持水分和肥分。再重新一层一层加绿肥、圈粪等配料。这样能使肥料充分混合腐烂，提高肥效。一般翻塘1~2次，多的可达3次。在劳动力紧缺时，只要塘不漏，配料一次加足，充分拌匀，不翻塘也可腐熟良好。

草塘泥肥在夏季经30~40天、冬季经50~60天沤制后,就能发酵起泡、腐烂发臭。一般冬春季沤制的草塘泥肥作早稻基肥,夏季沤制的作晚稻基肥,秋季沤制的作麦田基肥。若施用量大,也可用一部分作面肥,但应尽量缩短肥料在田间暴晒时间,否则氮素损失过多,降低肥效。

3. 坑沤肥

选址同函肥。北方农村5—10月均可沤制,以温暖多雨的7—8月为宜。主要利用野生杂草、垃圾、秸秆为原料,加入少量人畜粪尿。利用自然坑、原有的老坑或压实的新坑,坑深1米左右,过深会导致坑底温度低,沤肥材料不易腐烂,制出的肥料质量差。将秸秆、粪尿、泥土等分层堆积于坑中,并加入适量的水,物料上方保持5~6厘米的浅水层,使其在嫌气条件下发酵腐熟。在秋耕前,翻倒、破碎,并加入人畜粪尿,调节水分,直至与坑相平为止。坑满后,并用稀泥严封,促使其发酵腐烂,继续堆腐10天左右,再翻倒一次,就可作为小麦基肥施用。若缺乏水源则可在材料放好后,等雨水浸沤,称为等浆沤肥法。

4. 平地沤肥

选择干燥结实的地面铲平夯实,周围开排水沟,一般长2~2.5米,宽1.5~2米,挖纵向通气沟2条,横沟3条,沟的深、宽各15厘米左右,沟上铺一层树枝或荆条,在交叉处竖立六根木棍或粗竹竿,然后将秸秆(麦秆、玉米秆和稻草)等切碎至长度3厘米左右,用水浸湿,混合杂草、树叶等,在底层铺30~40厘米,再加入一定量的牛马粪,适量加洒一层粪尿和水,使堆料水分保持在50%~60%,这样逐层上堆,直到堆高达到1.5~2米时为止,堆成梯形,上窄下宽。堆成后用湿泥密封,抹泥可以防寒,主要是为了防止水分蒸发,只有保持水分含量合理,才能达到增温发酵的目的。所以无论冬、夏都要用泥抹。2~3天泥封稍干后,将木棍或竹竿拔出，形成通风道。如堆内条件适宜，3~5天温度即可上升到50℃以上，在向阳的地方堆料15天左右即可腐熟。此方法适用于气温较高的夏季和地下水位较高的地区。

5. 半坑式沤肥

首先在平地挖坑，坑的大小依据堆料的数量而定，一般多采用深1米，长、宽各2米的方形或圆形坑。挖出的土堆在四周筑成土围墙，同时在坑底和四面坑壁中间挖一条十字形通气沟，一直沿坑壁通至地面上开口。

堆肥时先用秸秆或树枝架于沟上。在十字沟交叉处竖立木棍或秸秆，然后将配好的堆料填入坑内。配料方法：秸秆（麦秆、玉米秆和稻草）等切碎至长度3~5厘米，并用水浸湿，混合杂草、树叶等，再加入约上述混合料一半量的牛马粪，适量加洒一层粪尿。每堆一层，加水一次，总加水量占物料总量的45%~55%，以不流出为度，以利于有机物的分解腐熟和微生物的活动。堆满后，不宜踏实，在顶上糊一层3~7厘米厚的黏泥或稀泥，2~3天后将中间插的木棍或秸秆拔出，形成通气道。

此方法在南方一年四季均可进行，在北方适宜于春、夏、秋三季进行，堆温上升快而稳定，堆内湿度均匀，腐熟时间一般为20天左右。腐熟后的堆料颜色呈现黑色或棕色，没有臭味，质地松软，一捏成团，一搓就碎，可作肥料使用。

（三）简易沤肥的影响因素及其控制

简易沤肥技术的影响因素主要跟堆体中的有机成分含量、微生物量、湿度、pH值、通风状况及保温措施等有关，具体如下所述。

1. 原料选取

沤肥过程是微生物分解有机物的过程，有机物是微生物的主要养料，是沤肥的原料，所以堆料中的有机物应达到一定程度才能保证沤肥过程的进行，通常要求占25%以上。据广州、北京、河北等地的经验，沤肥原料中人粪尿以20%～40%为宜，物料颗粒的大小以5厘米左右较理想，颗粒大小主要影响物料堆的表面积、孔隙度、持水能力、空气自由通道、堆紧实度，其中最主要的影响因素是表面积。

2. 碳氮比（C/N）

物料理想的碳氮比是25∶1，有利于沤肥过程的有效性和快速性。碳氮比高于30∶1时，堆肥化进程就会减慢，而低于15∶1时，氮就会以氨气形式散失。碳氮比小，温度上升会很快，但是堆层能达到的最高温度会低；碳氮比大，堆层达到最高温度会高，但温度上升会慢。配方通常为农林废弃物70%～75%、羊粪或牛粪20%～25%、含氮肥料［例如，尿素或碳酸氢铵5%（体积比）；也可在确认物料的总体积后，加入尿素1千克/米^{3}或粪肥2千克/米^3］。

3. 微生物量

沤肥是多种微生物综合作用的结果，其中高温纤维分解菌起着极为重要的作用。发酵剂的选用原则：不得使用未经菌种安全评价或未经农业农村部登记的制剂；根据有机废弃物的类型及其特点选用合适的菌种制品，选用菌种的技术指标须达到《农用微生物菌剂》（GB 20287）的要求。堆肥发酵剂应在原料混合时均匀加入；发酵剂添加比例不少于1‰（以重量计）。为了加速沤肥的腐熟，可加入一些富含高温纤维分解菌的骡粪、马粪或已经腐熟的堆肥土，其加入量视堆料而定，一般为堆体的10%～20%。

4. 温　度

在沤肥的过程中，堆温的变化大体分为3个阶段：发热阶段、高温阶段、降温阶段。温度是影响微生物生理活性的一个重要因素。沤制快慢，温度是关键。所以，必须随时掌握堆温，根据堆温高低，采取相应的升降温措施，主要是靠堆体自身发酵和人工翻动来调节。设置温度表进行科学管理，既要升温又要适时降温，当温度升高有机质达到腐熟后，必须降温，否则肥效会降低，即采取堆上加土压实的方式，造成空气缺乏，起到降温作用。

5. pH值

积制过程中因为缺氧使各种有机酸等中间产物大量积累，以及碳氮比过高等原因，不利于微生物的活动。为减少沤肥中产生有机酸，可适当加入炉灰、石灰或草木灰调节，但盐碱地区不宜加石灰。沤肥过程中应当翻堆和补充氮源，以达到补充氧气、降低碳氮比和改善微生物营养状况的目的。

6. 封　泥

堆体表面封泥对保温、保肥、保水、防蝇和减少臭味都有很大作用，肥料经过泥封沤制，生肥变成熟肥，其中的氮、磷、钾、钙等有效成分，能充分溶解出来。泥的厚度一般以5～6厘米为宜，无论冬、夏都要用泥抹，冬季可适当增加厚度。

（四）简易沤肥的无害化处理

部分有机废弃物中含有病原体和细菌等，为使沤肥符合卫生要求，可通过人为加入药剂，杀灭沤肥中的病原菌和虫卵。具体做法：每担粪（约50千克）加生石灰0.5千克，搅匀后，2～3天便可达到无害化。但粪肥应在加生石灰3～5天后就施用，否则，会因加碱引起氨挥发，导致肥效降低。

（五）产品质量

沤肥池中间的沤肥颜色呈黑褐色或黑色，有臭味，无原料形态特征，则沤肥成功。沤肥过程中堆料逐渐发黑，腐熟后的沤肥产品呈黑褐色或酱黑色，含水量很高，沤肥所具有的臭味在其风干后会迅速减弱。沤肥制作完成后人工出肥或机械出肥，出肥时注意沤肥池内侧的保护，避免损害堆砌的砖墙面。沤肥出池后，一般堆积在沤肥池附近，堆积7天左右，这样既能使沤肥进一步腐熟发酵，又能使沤肥里的水分充分散发，有利于沤肥的运输和施用。

（六）沤肥制作案例

甘肃省定西市临洮县蔬菜废弃物低成本规模化沤肥制作现场如图5-13所示。

图5-13　沤肥制作现场

首先开挖多个沤肥池，每个沤肥池底部铺设棚膜，棚膜上铺垫底层干燥土壤，第一次倒入蔬菜废弃物，并喷施腐解菌剂，再覆盖顶层干燥土壤。底层干燥土壤的厚度、第一次倒入蔬菜废弃物的厚度、顶层干燥土壤的厚度、预留空间的高度之比为1：（3~4）：1：（1~1.5）。顶层干燥土壤上覆盖聚乙烯保温棚膜，开始第一次减量化沤肥。

第一次减量化沤肥2~3天后，沤肥池内的覆盖层形成一定程度的塌陷，揭开顶部覆盖棚膜，继续向沤肥池中依次加入一层蔬菜废弃物和一层干燥土壤，蔬菜废弃物上喷施腐解菌剂，再覆膜继续进行减量化沤肥2~3天；不断重复以上步骤，直至最后一次加入蔬菜废弃物和干燥土壤后高出地面2米，然后覆盖聚乙烯保温棚膜，周边用土压实，继续发酵3~4个月。

经测算，处理1吨尾菜成本平均为20~30元，1吨尾菜可以沤制200千克尾菜有机肥。2021年，甘肃省定西市临洮县利用该技术资源化处理尾菜10.8万吨，沤制尾菜肥2万吨。据对40个用户的调查分析，在旱作农业区玉米和马铃薯种植上使用该肥料，可以减少化肥用量600~750千克/公顷，节约成本250~280元/亩。

三、沼 肥

沼肥主要分为沼渣肥和沼液肥两种，这里重点介绍沼渣肥。

沼渣是有机物料经过厌氧发酵后形成的固体物质，主要由没有得到充分分解的有机物料和一些厌氧微生物组成；其中富含有机质、腐植酸、氮、磷、钾、多种微量营养元素、多种氨基酸、酶类和有益微生物等，能起到很好的改良土壤的作用。土壤中直接施用沼渣，可以改善土壤的理化性质，增强保水保肥能力，增加土壤有机质、氮、磷等的含量，降低土壤密度。但未腐熟的沼渣会与农作物争夺土壤中的氧气，影响种子根系的发育，有时会出现幼苗的枯黄，且沼渣中也可能有潜在的病原菌，某些病原菌可能会在人类、动物和环境之间传播，造成生态安全问题。实际应用中，应在沼渣施用前进行堆肥腐熟生产沼渣肥。

（一）场地准备

1.场地选择

沼渣堆肥场地的选择须综合考虑多方面因素，不仅关系到堆肥过程能否顺利进行，更会对周边环境和生态安全产生深远影响。在选择过程中需要充分考虑与原料产生场地的距离、地形地貌、气候条件、环境容量、环保要求、政策限制以及经济性和可行性等因素，确保场地的合理性和可持续性。

场地空间位置 沼渣堆肥场地的选择应考虑到与原料产地的距离。由于沼渣来源于厌氧处理工程、农村沼气池、养殖场等场地，因此场地应优先选择临近原料产生场地的位置，以减少运输成本和时间，并避免在运输过程中产生二次污染。同时，优先选择废弃物产生量大、交通便利的城乡接合区域，便于原料收集和产品运输。

场地地形地貌 沼渣堆肥过程中，堆体需要适当的通风和排水条件，以保证堆肥过程的顺利进行。因此，场地应选择在地势较高、排水良好的地方，避免在低洼地带或容易积水的地方建设堆肥场地。此外，需要考虑风向和场地的坡度，以确保堆肥过程中产生的气味不会对周边居民造成影响和堆肥过程中产生的液体能够顺利排出，防止对地下水造成污染。同时，根据当地的土地利用政策和规划，选择符合要求的土地用地类型。例如，选择农田用地或农村集体经济组织的土地，确保施工符合土地用途规划。土地应具备良好的稳定性和承载能力，需要对土地进行地质勘察和工程土壤力学测试，评估土地的稳定性和承载能力。

场地气候条件 温度、湿度等气候条件会影响堆肥过程中微生物的活性，进而影响堆肥的速度和质量。因此，在选择场地时，需要考虑到当地的气候条件，选择干燥的场地，避免潮湿对堆肥过程的影响。例如，选择背风向阳的地方建堆，以利于增温，提高堆肥效率。气温较低的地区，需要采取保温措施；气温较高的地区，则需要加强通风，防止堆体过热。

场地环境容量 沼渣堆肥过程中会产生一定的气体和液体污染物，场地的环境容量不足，会对周边环境及生态系统造成污染。因此，在选择场地时，需要评估场地的环境容量，确保堆肥过程产生的污染物能够得到有效的处理和排放；做好生物安全防范，确保堆肥过程中不会对周边环境和生物造成威胁。也要考虑到场地与人居地、水源地等敏感区域的距离，确保堆肥过程不会对周边环境造成负面影响；选址应远离湿地或易发生洪水泛滥的平原，与饮用水源、溪流、池塘、生产区保持至少60米的距离，以防止对水源和环境的污染。

场地环保要求和政策限制　随着环保意识的提高和相关政策的出台，对沼渣堆肥场地的环保要求也越来越高。在选择场地时，需要了解当地的环保政策和标准，确保场地符合相关要求。例如，在一些生态敏感区域，沼渣堆肥场地的选择可能会受到限制或禁止。

2. 场地布局

选择沼渣堆肥场地后，功能区域的合理划分是确保堆肥过程顺利进行、提高生产效率以及保障环境安全的关键，功能区域划分应根据生产工艺流程和实际需求进行。一般可分为原料接收区域、预处理区域、堆肥发酵区域、成品储存区域等。

原料接收区　原料接收区主要负责沼渣原料的接收、暂存和初步处理。此区域应设置宽敞的接收平台，确保运输车辆能够顺畅进入和离开。接收平台应配备称重设备，对进入的沼渣原料进行准确计量，为后续的生产过程提供数据支持。此外，还应考虑原料的存储问题，应设置足够的暂存空间，并采取防雨、防污染措施，保证原料的质量。

预处理区　预处理区主要对接收到的沼渣原料进行破碎、筛分、混合等预处理操作。破碎机应能够处理不同种类的沼渣，确保其粒度均匀，有利于后续的堆肥发酵。筛分机用于去除沼渣中的石块、塑料等杂质，保证堆肥的纯净度。混料机用于根据堆肥配方，将破碎筛分后的沼渣与其他添加剂（如微生物菌剂、营养剂等）混合均匀，为堆肥发酵提供最佳条件。

堆肥发酵区　堆肥发酵区是核心区域，其设计应充分考虑通风、排水、温度控制等因素。堆肥发酵区域应设置多个堆肥堆点，每个堆点之间保持适当的距离，以减少相互之间的干扰。堆肥堆场应具有良好的通风性能，以保证堆体内部有足够的氧气供应，提高好氧微生物的活性。

成品储存区 成品储存区用于存放经过发酵成熟的沼渣堆肥产品。此区域应设置足够的储存空间，并配置相应的装卸设备和运输车辆。储存区应具有良好的通风性能，以防止堆肥产品受潮或发霉。同时，储存区还应设置防尘措施，减少堆肥产品在存放过程中的损失。

3. 基础设施

沼渣堆肥过程不仅能够有效利用资源，减少环境污染，还能够为农业生产提供优质的有机肥料。在沼渣堆肥的过程中，所需的设施扮演着至关重要的角色。沼渣堆肥所需设施的配置不仅关乎堆肥过程的效率和质量，也关乎资源的合理利用和环境保护。沼渣堆肥基础设施主要包括预处理设施、堆肥设施及储存设施等。

预处理设施 沼渣堆肥的第一步是对沼渣进行预处理。预处理设施主要包括沼渣破碎机、固液分离机和pH值调节装置。沼渣接收站用于接收从沼气生产厂运来的沼渣，确保沼渣及时、安全接收。沼渣破碎机则用于将接收到的沼渣进行破碎，以便后续的堆肥处理。固液分离机用于将沼渣和沼液进行固液分离，以便于后续处理。pH值调节装置则用于调节堆肥的pH值，使其保持在适合微生物生长的最佳范围内。

堆肥设施 预处理后的沼渣进入堆肥发酵阶段。堆肥发酵设施是沼渣堆肥的核心部分，主要包括堆肥设备、通风系统、温度控制系统和排水系统。堆肥设备通常指堆肥进行生化反应的反应器装置，是堆肥系统的主要组成部分。其类型多样，包括立式堆肥发酵塔、卧式堆肥发酵滚筒、筒仓式堆肥发酵仓和箱式堆肥发酵池等；

其设计应考虑到通风、保温和便于操作等因素。堆肥设备还应设置翻堆装置，定期对堆体进行翻动，以促进堆体内部的均匀发酵。通风系统用于向发酵仓内提供充足的氧气，保证好氧微生物的活性，促进沼渣的分解；具体可分为静态强制通风法、间歇翻堆强制通风法和连续动态强制通风法。温度控制系统则用于监测和控制发酵仓内的温度，确保堆肥过程在适宜的温度范围内进行。当温度过高时，应及时采取降温措施（如增加通风量、喷水等），以防止堆体内部的微生物活性降低或死亡。同时，堆肥堆场还需设置排水系统，确保在雨季或高湿度条件下，堆体内部的水分能够及时排出，防止厌氧发酵的发生。

储存设施 沼渣、沼液原料储存和堆肥产品储存也需要进行基础设施规划，应设置沼液储存池和有机肥腐熟干燥装置。沼液储存池用于存放经过初步处理的沼液，以便后续利用。

（二）影响因素

堆肥产品的适用性是由堆肥原料决定的，但沼渣原料的含水率、碳氮比、pH值及微生物群落结构均难以直接启动堆肥，因此需要在堆肥前对沼渣原料进行预处理，以期达到符合堆肥对原料的要求。

1. 含水率调节

大量研究表明，堆肥含水率为50%～60%的堆体温度峰值能达到最高。当含水率超过65%时，由于含氧量急剧降低，发酵由好氧状态转化为厌氧状态；而且高含水率的堆体温度下降较快，降低了微生物的活性以及堆体中有机物质的降解。含水率过低，溶解态的有机物不能满足微生物生命活动的需要，当堆肥含水率低于30%时，微生物分解有机物的能力变慢；当含水率低于12%时，微生物活动及生长繁殖几乎停止。一般而言，沼渣含水率一般为90%左右，因此必须调节到55%～60%方可进入好氧发酵工序。调节含水率的方法有脱水、添加干物料（调理剂）、成品回流、热干化、晾晒等。

有研究发现通过两相分离机脱水，可使沼渣含水率从90%下降至60%，并进一步提高总氮、总磷和总钾的回收率。众多研究表明，高碳含量农业废弃物为优选沼渣堆肥添加辅料。有研究表明玉米芯是一种优良的外源添加剂，以玉米芯为外源添加剂的沼渣堆肥堆体最高温度较高，堆肥的无害化程度高，堆肥终止时含水率较低，有利于堆肥的后续利用，且有机质分解率与GI值较高，类富里酸荧光峰增强明显。

2. 调节碳氮比（C/N）

碳氮比对沼渣发酵过程中有机物分解速率有重要影响。好氧发酵最适宜的碳氮比为25～35。当碳氮比超过40时，碳元素增多，氮元素相对缺乏，细菌和其他微生物的生长受到限制，有机物的分解速率变慢，发酵过程变长，且易导致发酵物的碳元素含量过高，当发酵物施入土壤后，会导致土壤陷入氮饥饿状态，影响作物生长。当碳氮比低于20时，碳素较少，氮素相对过剩，氮将变成氨态氮而挥发，导致氮元素大量损失而降低肥效。因此发酵物中的碳氮比应保持在适宜的范围内才能保证发酵正常进行。一般而言，沼渣中含有浓度较高的以类蛋白质、糖类为代表的不稳定有机物质，碳氮比低于20，且稳定腐殖质的含量相对较低，因此，需要通过添加高碳物质来提高碳氮比，包括秸秆、木屑、木材等富含碳元素的辅料。

有研究认为碳氮比调控对沼渣堆肥效果的影响最大，初始碳氮比实验中，初始碳氮比为25的沼渣堆肥，堆肥产品营养元素氮、磷、钾含量相对较高。在优化碳氮比的过程中，添加蘑菇渣可以提高总养分及有效养分含量、降低盐分和重金属含量，进一步优化了沼渣堆肥的腐殖化效率和产物品质。

3. pH值调节

pH值对沼渣堆肥的正常进行具有重要影响，适宜的pH值可以使微生物有效地发挥作用，pH值太高或太低都会影响堆肥效率，细菌和放线菌生长最适宜的生长条件是中性或微碱性，因此沼渣发酵的pH值应控制在6~8，且最佳pH值为8.0左右。当pH值≤5时，会导致酸化，从而影响发酵的正常运行。沼渣一般情况下呈中性，发酵时一般不必特别调节。发酵阶段的不同会导致发酵过程中pH值的变化，但发酵结束后，沼渣的pH值一般都在7~8，因此，可以用pH值作为发酵熟化与否的控制指标。常用调理剂有碳酸钙、石灰和石膏等。一般应先将调理剂溶解于水中，然后再均匀地喷洒在堆肥原料上。这样可以确保调理剂在堆肥原料中均匀分布，从而更好地控制pH值。一般来说，酸性调理剂的添加量应控制在堆肥原料质量的0.1%~1%，而碱性调理剂的添加量则应控制在0.5%~2%。

4. 微生物强化

沼渣堆肥添加菌剂在促进资源循环利用和环境保护中扮演着重要角色。首先，添加菌剂能够显著加速沼渣的腐殖化过程，通过增强微生物活性，促进木质素、纤维素和半纤维素的降解，从而提高沼渣的肥效和稳定性。这不仅有助于提升沼肥的品质，还能有效减少环境污染。

为了达到最佳效果，添加菌剂时应关注两个关键条件。一方面，选择合适的菌剂至关重要，应选择那些能够高效降解沼渣中有机物质的菌种。另一方面，堆肥过程中温度、水分含量和pH值等因素也会影响菌剂的活性，因此，要严格控制这些条件，以确保菌剂能够充分发挥作用。

大量研究表明添加黄孢原毛平革菌和长枝木霉，能够促使沼渣堆肥的木质素、纤维素和半纤维素的降解率分别提升6.45%、

7.86%和8.87%，腐殖质和腐植酸含量提升了15.5%和23.6%。有研究进一步发现添加枯草芽孢杆菌、黑曲霉、EM菌和哈茨木霉菌4种菌剂，且比例为1∶1∶1∶1时，最终可以提高产品安全性（GI＞110%）。

（三）堆制及其过程管理

沼渣堆肥过程中，通过微生物的代谢作用将沼渣中的有机物质转化为稳定的腐殖质，并将有机物质中的碳、氮、磷等元素释放出来，形成易被植物吸收利用的养分。为了优化沼渣堆肥的效果，需要严格控制堆肥的条件。首先，应选择合适的堆肥方式，根据原料性质、气候条件、设备条件等因素进行选择。其次，应控制堆肥的温度、通风条件等关键因素，以增强微生物的活性，提高堆肥效率。最后，还应注意堆肥过程中的卫生和安全问题，避免对环境和人体造成危害。

1. 堆制方式

沼渣的好氧发酵根据工艺类型、物料运行方式、发酵反应器形式、供氧方式，可分为如下几类：按工艺类型可分为一步发酵工艺和两步发酵工艺；按物料运行方式可分为静态发酵、动态发酵和间歇动态发酵等；按反应器形式可分为条垛式、仓槽式、塔式；按供氧方式可分为鼓风通风和自然通风。目前最常用的是条垛式发酵、通气静态槽式发酵、筒仓发酵3种方法。

条垛式发酵 用人工或堆垛机将物料堆成长条形堆垛，高度一般1~2米，宽度一般3~5米。其优点是靠翻堆供氧，设备简单、操作比较方便、建设及运行费用较低；缺点是发酵时占地面积较大，发酵时间较长，堆层表层温度易达不到无害化要求，且卫生条件较差。条垛式发酵一般适用于用地限制小、环境要求较低的地区。

通气静态槽式发酵 槽式反应器采用鼓风通风供氧，发酵仓为长槽形，发酵槽是上小下大，侧壁有5°倾角，堆高一般2~3米。

其优点是设施价格便宜,制作简单,堆料在发酵槽中,卫生条件好,无害化程度高,二次污染易控制;缺点是占地面积稍大。

筒仓发酵 通过强制供氧,沼渣由上部投入,下部排出,仓内堆高可达5~6米。其优点是占地面积小,卫生条件好,无害化程度高;缺点是设施较复杂,建设、运行费用较高,供氧能耗较大。

各堆肥方式的发酵时间受沼渣种类、脱水时进料方式及堆料前处理方法的影响,这是因为其中易分解有机物的种类和含量有所不同,一般发酵期为10~15天不等。

2. 温度控制

温度是反映发酵是否正常进行的重要指标。温度不同时,不同温度下的优势微生物的种属和数量也不相同,它们对各种有机物的分解能力不同,是影响微生物活动和发酵工艺过程的重要因素。一般分为中温发酵(30~40℃)和高温发酵(50~60℃)。发酵温度至少要达到55℃,才能杀灭病原菌和寄生虫卵。但温度过高(大于70℃)则会抑制微生物降解有机物的速率,降低发酵产品的质量。温度过低也不利于发酵反应的进行。有研究表明,当发酵温度在55~65℃时,发酵综合效果最佳。有研究认为可通过55℃加热方式加速陈腐化进程,但在此过程中应持续补水,保持堆体含水率不低于40%,可以在16天堆制中完成腐熟。超高温堆肥技术亦可应用于沼渣堆肥,堆肥温度可达90℃,与传统堆肥相比高20~30℃,能有效促进生物转化效率、提升堆肥腐熟度、缩短堆肥周期,从而大幅度提高堆肥的质量。此外,与传统堆肥相比,超高温在去除沼渣中抗生素耐药性基因和移动基因组元件、灭活病原微生物等方面具有显著优势。

3. 通风控制

通风是加快微生物氧化分解沼渣中有机物的主要方式。通风量主要取决于沼渣中有机物含量、可降解系数、颗粒度等。通风量过高和过低都会影响堆肥的腐熟，通风量过大，会大量带走微生物产生的热量，影响堆肥的温度，使堆肥不能达到高温阶段；通风量过小，会造成有机物降解速率慢，微生物不能产生足够的热量使堆体达到高温阶段。有研究发现，采用通风15分钟，停止45分钟的方式对沼渣进行堆肥，沼渣堆肥通风量为0.5升/（分钟·千克）时，沼渣堆肥无害化程度最高、腐殖化程度最高。曝气类型也对沼渣堆肥腐熟度具有影响，研究发现充气式和肠道式好氧曝气能促成厌氧堆肥有机物的进一步分解，均能促进种子发芽指数提高；但使用肠道式好氧曝气处理7天的堆肥，种子发芽指数明显优于充气式好氧曝气。

4. 气体排放控制

有机固体废弃物在堆存、处理处置过程中会产生有害气体，对大气环境产生不同程度的污染，例如，有机固体废弃物露天堆存时极易腐烂，有机质会分解产生芳香族化合物（如苯、甲苯、苯乙烯等），还会产生含有硫化氢、氨等的恶臭气体。堆肥过程中恶臭气体排放的控制需要采取多种措施，包括物理除臭法、生物除臭法以及堆肥过程优化控制等。

生物除臭法是控制堆肥过程中臭气排放的有效方法。这种方法利用好氧微生物的代谢活动，将臭味气体转化为无味或较少气味的气体。常用的生物除臭技术包括生物过滤法、生物洗涤法、生物滴滤法和曝气式生物法等。这些技术具有处理效率高、成本低、环境效益好等优点，已成为堆肥过程中气体排放控制的主流工艺。生物过滤法是利用腐熟堆肥作为生物滤池滤料，通过微生物的代谢活动将臭气转化为无味或较少气味的气体。例如，在猪粪沼渣堆肥过程中，采用腐熟堆肥作为生物滤池滤料，可有效减少氨气的排放。使用市场上销售的一些生物除臭剂商品，喷洒在堆体表面，可以有效降低臭气的产生和挥发。这些除臭剂中的微生物可以与臭气中的有害物质反应，将其转化为无害物质。在堆肥过程中添加活性炭、沸石等吸附剂，通过物理吸附作用能减少恶臭气体的排放。此外，堆肥过程优化控制技术是减少恶臭气体排放的关键，包括制定合适的堆肥物料混合比、调节碳氮比以及保持堆肥混合物料合理的孔隙度，以确保堆肥过程中良好的通气性。

（四）产品质量

沼渣堆肥主要用于农田、林地、园林绿化、废弃矿场修复、垃圾填埋场的覆盖土等方面。其产品的优点是低投资、低运行费用，适用范围广；缺点是厌氧发酵产沼渣阶段原料成分复杂，且易造成重金属污染等。

1. 农业生产

沼渣堆肥产品作为有机肥料，广泛应用于农田、果园、蔬菜种植等农业生产中。沼渣堆肥产品的有机质含量通常应达到或超过45%（以干基计），总养分（氮+五氧化二磷+氧化钾）的质量分数应达到或超过5.0%（以烘干基计）。此外，在安全性方面，沼渣堆肥产品应经过充分腐熟，确保对土壤和作物安全无害。蛔虫卵死亡率应达到95%以上，粪大肠菌群数应低于相关标准规定的限值。

2. 土壤改良与修复

对于遭受污染或退化的土壤，沼渣堆肥产品可用于土壤改良和修复。沼渣堆肥产品能降低土壤中的重金属含量，提高土壤有机质含量和微生物活性。在应用过程中应确保堆肥产品中的重金属和其他有害物质含量不超标，避免对土壤造成二次污染。

3. 园艺与绿化

在花卉、草坪、园林等园艺与绿化领域，沼渣堆肥产品可用作基肥或追肥。堆肥产品应能为植物提供充足的养分，促进植物的生长和开花。确保堆肥产品对植物安全无害，避免造成植物烧根或烧苗等。

沼渣肥料应符合《有机肥料》(NY/T 525)中的指标,优先考虑作为肥料或基质利用于林地、草地及园林用地(农田)。对于种子发芽率(GI)低于70%的沼渣肥料,其他指标均符合《土壤调理剂及使用规程餐厨废物原料》(NY/T 3935),可作为土壤调理剂,用于退化土壤修复。

(五)沼渣堆肥案例

甘肃省武威市凉州区采用的厌氧发酵堆肥协同处理模式,以处理畜禽粪污为主,协同处理易腐垃圾、厕所粪污、尾菜、农作物秸秆等有机废弃物,设计处理能力为820吨/天,目前实际处理有机废弃物350吨/天。年产沼气约1 350万米^3,其中通过管网向周边供气约145万米^3,其余沼气用于发电;年产沼肥约12万吨。沼渣堆肥制作如图5-14所示,具体方法如下。

图5-14 沼肥制作

将沼渣、菌渣、菌剂等按照配比计量混合后根据需要进行条堆,条堆长度不限,宽度2米,高度1米,在条堆时需要把物料逐层均匀堆放。将菌剂用菌渣按1∶5的比例扩大体积,混合均匀后根据条堆数量撒到条堆表面。用搅拌机将条堆搅拌均匀,温度升到60℃以上后,每间隔4~5天翻堆一次,60℃以上发酵15天后将条堆收起即可。

按以上步骤进行发酵并经过筛分和深加工后即成为纯有机肥，将发酵好的纯有机肥造粒。根据不同的原料选择造粒机，圆盘造粒机、挤压造粒机、挤压抛球一体机等。刚造好的颗粒水分含量比较大，需要烘干至水分达到20%以下，烘干的颗粒有机肥经冷却机降温后直接进行包装。

四、饼肥

饼肥作为一种传统而又富有营养价值的有机肥料，在提升土壤肥力、改善作物品质方面发挥着重要作用。其通常是由油料作物的种子经榨油后剩下的残渣制成，富含有机质、氮、磷、钾、蛋白质和丰富的微量元素等多种营养元素，一般含水率为10%~13%，有机质含量为75%~80%，是一种含氮量比较高的优质有机肥料，氮主要以蛋白质形态存在，蛋白质含量为20%~50%，磷主要以植素、卵磷脂等形态存在，钾大多是水溶性的，用热水浸提法可提取油饼中96%以上的钾。

大量的试验和分析表明饼肥在土壤改良、作物品质和产量等方面的作用机制。其中，饼肥中的氮素以有机态为主，在土壤中经过微生物的作用逐渐释放，从而为作物提供持续而稳定的氮源供应。同时，饼肥中的磷、钾等元素能够满足作物生长的不同需求，促进根系发育，增强作物的抗逆性，例如，有研究发现大豆饼肥显著促进了黄土高原梨枣的生长发育，提高了产量和果实品质。此外，饼肥还能够改善土壤的物理结构，增加土壤的透气性和保水性，其丰富的有机质能够促进土壤微生物的繁殖，形成良好的土壤生态环境，提高土壤的肥力和生产力。

（一）饼肥制作的基本要求

饼肥因具有养分齐全、含量高和有效性持久等特性，可作为基肥、种肥或追肥，适用于各类土壤和多种作物，尤其是果树、瓜果类、块根类蔬菜、小麦、烟草、棉花等作物的栽培生产。然而，饼肥的制作和使用也并非毫无挑战。饼肥的制作过程，既是对资源的有效利用，也是一门蕴含着科学原理的技艺。在制作饼肥时，需要充分考虑原料的选择、发酵条件的控制以及腐熟程度的判断等多个环节。在制作过程中，如果发酵不完全，可能会导致饼肥中残留有害物质，对作物生长产生不利影响。优质的原料是制作高质量饼肥的前提，而适宜的发酵环境和时间则能够确保饼肥中的有机物质充分分解，转化为易被植物吸收的养分。因此，掌握饼肥科学的制作方法和使用技巧至关重要。

（二）饼肥的类型

饼肥的种类很多，主要有豆饼肥、菜籽饼肥、麻籽饼肥、棉籽饼肥、花生饼肥、桐籽饼肥和茶籽饼肥等；我国常用的饼肥有菜籽饼肥、大豆饼肥、芝麻饼肥和花生饼肥等。

1. 菜籽饼肥

菜籽饼肥的养分含量高，富含有机质、氮素，并含有相当数量的磷、钾和微量元素，碳氮比小，施入土壤中能迅速分解，易于被作物吸收。其中，总氮、磷、钾含量分别为2%~7%、1%~2%、1%~2%，粗蛋白含量为39.1%~45%，粗脂肪含量为1%~4.6%，经发酵后氨基酸含量在1.5%以上（含量最高的是亮氨酸）。水稻、烟草等作物施用菜籽饼肥可以显著提高产量。

2. 大豆饼肥

大豆饼肥是大豆饼粉碎后经微生物固体发酵、液体水解、添加一定量的吸附剂烘干后制成的有机肥料。其不仅含氮、磷、钾，还含有较多的有机质以及锌、铜、锰等微量元素，其中，总氮、磷、钾的含量分别约为7.8%、1.6%、1.5%，粗蛋白含量约为43%，粗脂肪含量为0.6%~2.6%，经发酵后氨基酸含量在1%以上。大豆饼肥可用作基肥和追肥，用作基肥效果较好，施用于烟草、梨树和枣树等作物，可显著提高产量和品质。

3. 芝麻饼肥

芝麻饼含有丰富的氨基酸、多肽、小肽、油、矿物质等营养物质，具有较高的经济利用价值，在饲料工业、食品工业和种植业（作为肥料）生产上应用广泛。不同工艺产生的芝麻饼粕营养价值存在差异：热榨工艺中芝麻经炒制后，其饼粕的蛋白质经高温会发生变性；水代法得到的芝麻渣含水量较大，储存不当易腐败变质；冷榨饼的各营养成分保存较好。芝麻饼肥的总氮、磷、钾含量分别约为5.7%、2.6%、1.4%，粗蛋白含量为40%~46%，粗脂肪含量为3.4%~10.3%。烟草、玉米（拔节期）和裕丹参增施芝麻饼肥，可明显提高根系活力和增加产量。

4. 花生饼肥

花生饼肥是脱壳花生米经压榨或浸提取油脂后的副产物，营养价值高，粗蛋白含量达48%以上，精氨酸含量在5.2%左右，维生素和矿质元素含量与其他饼肥相近。烟草增施花生饼肥，可显著增强抗病性，提高产量和上等烟比例。

（三）饼肥制作方法

1. 饼肥的制作流程

饼肥的制作流程如图5-15所示。

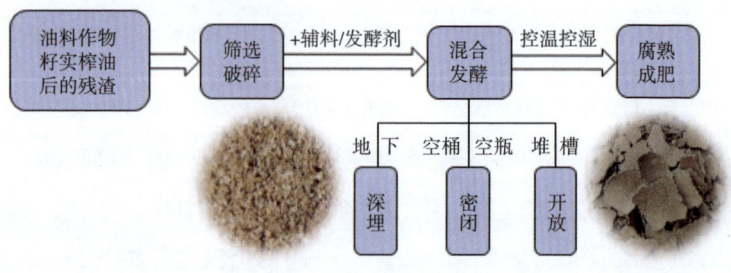

图5-15　饼肥的制作流程

2. 场地准备

选择一个宽敞、通风良好并远离污染源的场地，以容纳原料堆放、加工设备和操作空间，最好是在露天或者半露天的地方，方便饼肥的自然晾晒和风化。此外，可以在制作场地上搭建遮阳棚或搭建简易的室内天棚，以防止雨水直接打在肥料上，影响肥料制作。

在开始制作饼肥之前，须对场地进行彻底清洁，清理场地上的杂草、杂物和垃圾，使用合适的消毒剂对场地进行消毒，确保场地的干净整洁，以减少病虫害和病原菌的传播。

3. 原料预处理

在选择饼肥的制作原料时，须考虑其来源和质量，选择优质、无霉变、无病虫害的油料种子经榨油后的残渣。

对于大块的油料种子经榨油后的残渣，须进行粉碎或破碎处理，以增加其表面积，有利于后续的发酵和分解。一般适宜的粒径是3~15毫米，最佳粒径是5~10毫米。

一般来说，饼肥原料的初始含水量较高，应搭配含水量较低的辅料干湿混合进行水分调节，使初始的含水率控制在50%~60%，常用的辅料有畜禽粪便、稻壳和作物秸秆等。此外，一般快速堆肥适宜的碳氮比是20~40，pH值是5.5~9.0。在饼肥制作前，须根据原料类型，调节适宜的碳氮比和pH值。

4. 发酵腐熟

（1）深埋发酵

在夏季温度较高的时候，可以把油料种子经榨油后的残渣在完全粉碎后搭配着禽畜粪便或上茬作物残留下来的细碎秸秆，一起翻耕深埋到地下，在保持土壤湿润的情况下（土壤干旱时必须浇足水），利用夏季的高温天气可以让其在土壤中快速腐烂分解，经过1~2个月后，一般都能自然发酵腐熟。通常来说，饼肥（也包括秸秆）粉碎性越好、与土壤掺混越均匀，且土温越高、湿度越大才能越快地发酵腐熟,春秋低温季节自然发酵腐熟期需要2~3个月,冬季自然发酵腐熟期需要历经整个冬季才行。

(2)密闭发酵

密闭发酵通常适用于少量饼肥的发酵腐熟,一般包括液体饼肥和固体饼肥。

液体饼肥 把油料种子经榨油后的残渣完全粉碎后放入空桶或空瓶里,然后在瓶或桶里加入80%的水后密封发酵,利用夏季高温发酵1~2个月后(春秋两季发酵2~3个月,冬季发酵4个月左右)即可腐熟成液体肥,滤出肥液兑水后(用清水稀释50倍)即可直接浇灌作物。

固体饼肥 把油料种子经榨油后的残渣放在锅里焖蒸,然后放入桶或罐中密封发酵,夏季发酵1~2个月、春秋两季发酵2~3个月、冬季发酵4个月后即可发酵腐熟,然后取出发酵好的腐熟饼肥晾晒干。例如,欲发酵腐熟10千克饼肥,应先把油料种子经榨油后的残渣粉碎,然后用温水均匀喷湿(使物料的初始湿度以手握成团后落地即碎为佳),接着把润湿的物料装入准备好的发酵桶中;取10~15克的发酵菌(发酵菌是用来加速饼肥分解腐熟的)和200~300克红糖(红糖用温水融化开后使用,用于给微生物提供能量),最后封好桶口放在20~30℃环境下发酵腐熟2周(每隔3~5天要打开封口,释放一下桶内饼肥发酵过程中产生的气体,然后封闭桶口继续发酵即可),等饼肥发酵腐熟好了(打开封口闻起来有发酵过的香味),晾晒干后即可正常当作有机肥使用。

(3)开放发酵

开放发酵通常适用于大规模饼肥的发酵腐熟。常用的开放发酵一般包括条垛发酵和槽式发酵。条垛发酵是将预处理后的饼肥原料与适量的秸秆、畜禽粪便等混合均匀后,堆成圆锥形或长方形的堆,堆高一般为1~3米,宽度为2~8米,条垛堆体的长度为

30~100米，一般依据场地的实际大小和饼肥的制作量进行调整；槽式发酵是将原料放入特制的发酵槽中，通过机械搅拌和通风设备来控制发酵条件，发酵槽一般要建造在室内，其规模依据场地和饼肥的制作量确定。此外，在堆制过程中，通常会分层加入适量的微生物菌剂和有机物料调节剂，以促进发酵过程。

把油料种子经榨油后的残渣粉碎或打碎，然后用适量温水均匀喷湿（用水量掌握在50千克残渣喷7.5~10千克清水，可以一边喷水一边掺拌，湿度以手握成团后落地即碎为佳），然后堆放到一起自然发酵（堆放温度低于40~50℃时不用翻堆或间隔性翻堆2~3次，堆放温度达到50℃及以上时需要每隔5~7天翻堆一次），等到堆放的饼肥颜色变深（红褐色或黑褐色）、质地松软、闻起来带发酵香味时（带臭味就说明没发酵腐熟彻底），饼肥即发酵腐熟完成。

（四）饼肥制作的影响因素及调控

1. 温　度

通常每隔1~2天测量一次温度，以便及时发现温度异常并采取相应的措施。堆肥开始后，微生物的活动会使堆体温度逐渐上升，在这个阶段，温度通常会在几天内从环境温度上升到40~50℃；随着微生物分解有机物的进程加快，堆体温度一般会在发酵初期迅速上升，达到55~65℃甚至更高，并维持一段时间，这个高温阶段对于杀灭病原菌、寄生虫卵和杂草种子等非常关键，一般应保持3~5天；当温度超过70℃时，可能会导致微生物活性降低甚至死亡，同时也会造成氮素损失，此时应采取翻堆、通风等措施降温。经过高温阶段后，随着有机物的分解逐渐减少，堆肥温度会逐渐下降，当温度稳定在40℃以下时，堆肥即基本腐熟。

2. 通风与供氧

保持堆体良好的通风条件以提供充足的氧气，可促进微生物的活动。一般可以通过选择合适的堆放位置、采用疏松的堆体结构、定期翻堆和搭建通风设施等方式来实现通风与供氧。

堆制饼肥应在通风良好的开阔地带,避免在密闭的空间内堆制,以利于通风,同时,要注意控制堆体的大小和疏松程度,堆体的高度不宜过高,一般不超过2米,宽度也应适中,以便空气能够渗透到堆体内部,不要将物料压得过于紧实,应保持一定的松散度,有利于空气在堆体内部流通。

翻堆是最常见且有效的操作,依据饼肥的具体堆制情况定期翻堆,通常在堆肥温度达到55~65℃并维持几天后,使用铲子、叉子或专用的翻堆机械等工具每隔固定时间(如7~10天)翻堆一次,可以使堆体中的物料均匀发酵,提高发酵效率。需要注意的是,翻堆时应尽量避免过度压实物料,以保证良好的通气性。对于大规模的饼肥制作,可以在堆肥场地设置通风管道或通风口。例如,在堆肥底部铺设通风管道,或在堆体侧面设置通风孔,以促进空气交换。

3. 湿　度

在饼肥制作过程中,保持合适的湿度对于微生物的活动和堆肥的腐熟效果也至关重要。根据堆体的湿度情况,适时补充水分或进行干燥处理,以保持堆体的适宜湿度。

初始湿度判断:在堆制前,用手抓一把混合好的物料,紧握后如果指缝间有水但不滴下,说明初始湿度较为合适,通常在50%~60%。若物料过于干燥,可以使用喷雾器或水管均匀喷水,边喷水边搅拌,使水分均匀渗透;若堆肥物料太湿,可添加一些干燥的物料,如干燥的秸秆、锯末、谷壳等,以吸收多余的水分,并加强通风,促进水分蒸发。在堆肥过程中,应定期用手抓物料来检查湿度,确保湿度保持在合适的范围。

4. 微生物

一种常见的快速发酵方法是添加发酵菌剂。市场上有许多专门用于有机肥料发酵的菌剂,选择一款质量可靠的菌剂,按照说明书建议的比例将其与饼肥和其他辅助材料充分混合。这些菌剂中含有大量的有益微生物,如芽孢杆菌、乳酸菌、酵母菌等,它们能够迅速分解有机物,加速发酵过程。

此外,还有一些小技巧可以帮助加快饼肥的发酵速度。例如,在发酵过程中添加适量的红糖,为微生物提供能量,促进其生长繁殖;或利用太阳能加热,将发酵容器放置在阳光充足的地方,利用阳光提高堆内温度。

(五)饼肥产品质量

在饼肥制作完成后,需要进行产品质量检测,确保其符合绿色食品生产的要求。检测方法应符合相关国家标准和行业标准。常用的检测方法有以下两种。

外观检查 观察饼肥的颜色、形状和质地等。腐熟良好的饼肥通常颜色较深,质地松软均匀,有轻微成团的现象,或会在表面冒一些小泡泡,即达到发酵成熟的标准。

气味判断 发酵好了的饼肥有一股浓郁的发酵甜味或略带酒香味,如果发现有异味、霉味等异常情况,可能是发酵过程出现了问题,须及时调整。

(六)饼肥制作案例

河北省石家庄市灵寿县棉籽饼堆肥处理案例如下,应根据实际情况进行调整。

将棉籽饼用水淋湿,并用机器破碎成小颗粒,控制粒径在1厘米左右。含水率控制在60%左右最佳,对于含水率较高的棉籽饼,须晾晒降水。

将淋湿的棉籽饼堆起来,每堆高度不超过30厘米。在棉籽饼的表面均匀撒上发酵剂,比例约为1∶50,根据棉籽饼的含水量和气温等气候条件进行微调。覆盖厚度约为10厘米的稻草或秸秆等(或与秸秆、木屑、稻草、豆腐渣和畜禽粪便等有机废弃物按照1∶1进行混合），形成透气性好的压实层，压实后用塑料薄膜覆盖，定期开孔通风。

在发酵的过程中，须控制棉籽饼内部的温度为40～60℃、湿度为60%～70%，避免过热或过湿。每隔7～10天进行一次翻堆，如果堆肥的温度和湿度过高或过低，可以通过增加或减少翻堆次数进行调整。经过3～4个月的发酵，棉籽饼就可以转化为有机肥料了。

五、绿 肥

利用栽培或野生的绿色植物体直接或间接作为肥料，这种植物体称为绿肥。我国利用绿肥做肥料有悠久的历史。早在周朝，已有利用绿肥改良土壤的记载。《诗经·周颂》中有"荼蓼朽止，黍稷茂止"的记载，把腐烂在田里的荼蓼和黍稷的生长茂盛联系起来。这虽然还不能证明当时人们有意识地利用绿肥，但已知道草烂可以肥田的道理。《礼记·月令》记载"土润溽暑，大雨时行，烧薙行水，利以杀草，如以热汤。可以粪田畴，可以美土疆"。到西晋时，已有更详细的记载，如《广志》记载"茖草，色青黄，紫华，十二月稻下种之，蔓延殷盛，可以美田"。这种茖草可能就是现在各地种植的紫云英和苜蓿。这些记载，说明中国古代劳动人民通过长期的实践，早已懂得利用植物体改良土壤，提高产量，并且创造了绿肥轮作的农业生产制度。

（一）主要绿肥种类

绿肥种类按栽培季节和生长环境可分为冬季绿肥、夏季绿肥、多年生绿肥、水生绿肥；按用途可分为肥料专用绿肥、肥料饲料兼用绿肥和肥料蔬菜兼用绿肥等。其中，冬季绿肥主要有紫云英、苕子、箭筈豌豆、草木樨、黄花苜蓿、肥田萝卜、油菜、蚕豆等；夏季绿肥主要有田菁、柽麻、豇豆等；多年生绿肥主要有紫花苜蓿、紫穗槐、沙打旺等；水生绿肥主要有满江红、水花生、水葫芦、水浮莲等。适于作饲料的绿肥主要有紫花苜蓿、草木樨、紫云英、箭筈豌豆、毛叶苕子、蚕豆、沙打旺等；有些绿肥还可以作为新鲜蔬菜食用。

（二）绿肥栽培方式

1. 粮肥轮作

将计划种植的几种不同作物，排列成一定的顺序，在同块田内逐年依序循环种植，称为轮作。在同块田内根据土壤状况和需要，种一年到几年绿肥，再种一年到几年粮食，称为粮肥轮作。轮作中不同作物先后种植顺序称为轮作方式，而种植完各种作物的一个轮作循环的时间则称为轮作周期。

粮肥轮作，多在人少地多、土壤瘠薄或畜牧业占比大的地区内实行。粮肥轮作要根据当地的生产任务、肥源、畜牧业对饲草的需求进行规划，并与整体种植计划和轮作倒茬计划等统一进行安排。

粮肥轮作是加快土壤改良和养地速度的有效途径，因为绿肥在轮作中一般要占地一年以上，绿肥生产时间长，产草量相对较高，改良土壤和养地的作用更大，效率更高。同时，还可以稳定地提供牲畜饲草，成为促进农牧结合的物质基础。粮肥轮作的实施可以大幅度地提高单位面积产量和轮作周期的总产量，提高产品的质量，降低生产成本。

2. 粮肥复种

在同一块田内、在一个年度或一个年周期内，分别在不同生育季节，种一茬以上的粮食作物和绿肥作物，称为粮肥复种。粮肥复种可采取粮肥接茬复种；也可以采取前茬作物生长后期套种下茬作物，主要依靠前茬作物收获以后的时间生长，这种粮肥复种一般也称为粮肥套复种。粮食作物是前茬，绿肥是后茬，称为粮肥复种；

反之,绿肥是前茬,粮食作物是后茬,则称为肥粮复种。

粮肥复种可以充分利用气候和土壤资源,达到用地和养地相结合的目的。在自然条件不允许种两季粮食作物,而种一季粮食作物尚有余的地区,可以在不减少粮食作物种植面积的情况下进行粮肥复种,从而达到粮肥双丰收的目标。在多熟制地区,选用粮食等作物生长比较差的季节和时间,利用绿肥生物学适应性强的特点,复种一茬绿肥,可以解决肥源不足的矛盾。

3. 粮肥间作套种

粮肥间作套种是指同一块田内,成行或带状间隔地种植粮肥作物,播种期可以同时(即间作),也可以前后错开(即套种),但绿肥主要生长的时间是在与其他作物共生条件下完成的,有的利用粮食作物生长前期,有的利用粮食作物生育后期,有的则与粮食作物全过程共生。

粮肥间作套种,可以充分利用空间和时间,同时发挥粮食作物和绿肥作物各自的生物学特性优势,利用生育期的不同,错开播种时间,利用茎叶伸展的高低差异,增加单位面积的叶面积指数,从而提高光合效率;可以利用边行优势,既生产了绿肥,为下茬作物高产打下物质基础,又保证了当季粮食作物的正常生长;可以发挥粮肥之间的互助作用,如豆科绿肥生长过程中的根系分泌物可以促进禾谷类作物生长。

4. 常用绿肥栽培方式

我国生态类型复杂,农区、果园、茶园等跨度大、种植模式多样,绿肥在各地的栽培方式也不完全一致。根据我国绿肥插入农作制度的常见方式与常用绿肥作物种类等情况(未考虑中国台湾及港澳地区),将绿肥区域划分为华北平原绿肥区、东北绿肥区、西北绿肥区、南方绿肥区和西南绿肥区。不同区域包含的省(区、市)、绿肥栽培方式及常用绿肥种类见表5-1。

表 5-1 中国不同绿肥制度区域的绿肥利用方式及常用绿肥种类

区域	典型制度	常用绿肥种类
华北平原绿肥区(北京、天津、河北、山东、河南北部)	冬绿肥—夏作物	二月兰、绿肥油菜、黑麦草、毛叶苕子
	新整耕地周年绿肥	二月兰、毛叶苕子、田菁、绿肥油菜、肥田萝卜
	经济林园绿肥	毛叶苕子、三叶草、二月兰、绿肥油菜、鼠茅草
东北绿肥区(黑龙江、吉林、辽宁)	麦后复种绿肥	毛叶苕子、箭筈豌豆、草木、绿肥油菜
	玉米前期间套作绿肥	毛叶苕子、箭筈豌豆、豌豆、绿肥油菜
	新整耕地夏绿肥	叶苕子、田菁、沙打旺
	经济林园绿肥	毛叶苕子、箭筈豌豆、三叶草
西北绿肥区(甘肃、陕西、青海、山西、新疆、内蒙古、宁夏、西藏)	麦后复种绿肥	毛叶苕子、箭筈豌豆、草木、绿肥油菜、二月兰
	主作物前期间套作绿肥	毛叶苕子、箭筈豌豆、豌豆
	新整耕地夏绿肥	草木樨、毛叶苕子、箭筈豌豆、绿肥油菜、肥田萝卜
	经济林园绿肥	毛叶苕子、箭筈豌豆、三叶草、绿肥油菜、二月兰
南方绿肥区(安徽、江苏、浙江、福建、上海、江西、河南南部、湖北、湖南、广东、广西、海南)	稻田冬绿肥	紫云英、毛叶苕子、光叶苕子、箭筈豌豆、金花菜、肥田萝卜、绿肥油菜、黑麦草
	旱地冬绿肥	毛叶苕子、光叶苕子、箭筈豌豆、紫云英、肥田萝卜、绿肥油菜、黑麦草
	新整耕地周年绿肥	紫云英、毛叶苕子、光叶苕子、箭筈豌豆、黑麦草、田菁、印度豇豆、柽麻、猪屎豆
	经济林园绿肥	毛叶苕子、光叶苕子、箭筈豌豆、紫云英、决明、印度豇豆、乌豇豆

（续表）

区域	典型制度	常用绿肥种类
西南绿肥区（重庆、四川、贵州、云南）	冬绿肥—夏作物	光叶苕子、紫云英、肥田萝卜
	新整耕地周年绿肥	光叶苕子、毛叶苕子、黑麦草、肥田萝卜、田菁、印度豇豆
	经济林园绿肥	光叶苕子、毛叶苕子、箭筈豌豆、山蚂蝗、三叶草、印度豇豆

（三）绿肥栽培技术

1. 选 种

绿肥主要为后茬作物提供养分，因此要选用适宜当地土壤、气候条件能与作物种植相配合的绿肥品种。例如，紫花苜蓿和草木樨耐旱、耐寒，适于东北、西北地区，与单季作物间套作或轮作；苕子耐阴、抗旱，适于西南地区，用作肥料、饲草兼用绿肥；紫云英、绿萍为湿生或水生植物，适于江苏、安徽、浙江等省，用作稻茬绿肥；南方果园、桑园，多在山地或丘陵，应该选用耐瘠、耐酸、覆盖度较好的三叶草、箭筈豌豆、黑麦草、肥田萝卜等作绿肥；豆科作物能固氮，禾本科作物能活化难溶性铁，要特别注意豆科绿肥与禾本科作物轮作或间套作。

2. 播 种

在绿肥栽培中，出苗率低、缺苗多、苗生长不整齐等是影响大面积均衡增产的重要问题。因此，要按照不同绿肥发芽与出苗的特点，根据土壤、气候条件及前作情况等采取相宜的措施，以达到苗早、苗齐、苗全、苗壮的目的，为高产打好基础。

3. 水肥管理

绿肥在苗足苗全的基础上，要满足其对养分和水分的需要，使个体发育良好，并稳定地提高群体的生物量。绿肥和其他作物一样,需要各种营养元素以构成其有机体并进行正常的新陈代谢,对豆科绿肥的肥水管理应着眼于促进其共生固氮并早发快长,与一般作物不同的是,豆科绿肥仅需施用少量或不施氮肥,它对磷比较敏感。绿肥田的叶面积指数比较高,消耗的水分比禾谷类作物多。为了使绿肥群体保持高产而不衰败,肥水供应要按绿肥生长的特点做到适时适量。

4. 常用绿肥栽培技术

绿肥大多为耐瘠豆科植物,一般不施或施很少量肥,但在综合管理的基础上适当施用肥料,特别是磷肥,能起到"以磷增氮"和"以肥增肥"的作用。部分常用绿肥的栽培技术如表5-2所示。

表5-2 常用绿肥栽培技术

绿肥种类	利用特点	栽培技术
紫花苜蓿	多年生豆科绿肥。主要分布在陕西、山西、宁夏、新疆。根深,喜排水好的钙质土壤,可单作或与粮食作物间套作。含氮量高,可用作畜禽饲料	①播种:播前晒种3~5天,用1毫克/千克钼酸铵和3毫克/千克硼砂溶液浸种,或按每千克种子1克微肥拌种,精细整地后条播、撒播或穴播,每亩播量1~1.5千克; ②除草:苗期除草2~3次,冬前结合除草培土防冻,以后每年均要除草,慎用化学除草剂; ③施肥:施用少量氨肥(N<4千克/亩)、足量磷肥(P>3.5千克/亩)和适量钾肥有助于优质高产,酸性土壤还要施用适量石灰; ④灌水:干旱时要及时适量灌水; ⑤作饲料宜在初花至盛花期收割,每年收割3~5次

（续表）

绿肥种类	利用特点	栽培技术
紫云英	一年生或越年生豆科绿肥。主要分布于长江中下游，越冬期较耐寒，适于酸性土，是水稻的冬季绿肥和猪等家畜的优质饲料	①播种：9月上旬至10月中旬播种，撒播、条播或稀点播，亩播量2~4千克。播前对种子进行研磨、浸种处理，以提高发芽率； ②收草田用人尿拌草木灰和磷矿粉作种肥； ③在高湿的地方注意排水； ④留种田亩播量1.5千克，亩施10千克过磷酸钙、15~30千克草木灰作种肥； ⑤用1%~2%盐水浸种防治菌核病，用1∶5硫黄石灰粉喷粉防治白粉病，用乐果、敌百虫防治害虫
沙打旺	多年生豆科草本植物，主产于河北、河南、山东、江苏等省。根系发达，枝叶繁茂，耐寒、耐旱、耐瘠、耐盐碱，既是适应性很强的绿肥，又是各种家畜的优质饲料	①播种：种子细小，整地要精耕细耙，每亩播量250~500克，播种时土壤含水率不低于11%，以15%~20%为宜；干旱地区应抢在雨季前播种； ②出苗快但苗期生长慢，要注意及时中耕除草； ③不耐涝的低洼地雨季注意排水； ④开花后茎叶迅速木质化，影响肥效和饲用，因此首次收割应不迟于现蕾期，割时留茬高5~10厘米，以利再生； ⑤有条件的地方在返青期和每次收割后及时施肥灌水； ⑥加强病虫害防治

（续表）

绿肥种类	利用特点	栽培技术
白花草木樨	两年生豆科草本植物，东北、西北和华北地区均有种植。根系发达，适应性强，地面覆盖度大，是优良的饲草、绿肥和改土作物，并有较高的经济价值	① 播种：早春精细耙地1～2遍；将种子用碾子擦伤，在1%～2%盐水浸泡2小时，最好进行根瘤菌接种；春、夏、秋均可播种，旱区播后要镇压； ② 苗高10～20厘米时除草，分枝期、割后及翌年再生草刈割后要追施适量氮磷钾肥并及时灌水； ③ 返青时耙地，挂齿时耙齿斜向行走，这样入土不深，不伤苗且能够刺激根系生长； ④ 在现蕾之前收割，注意留茬高10～15厘米，保持2～3个茎节，以利于茎叶腋处萌发新枝
毛叶苕子	一年或越年生豆科草本植物，主要分布在安徽、河南、四川、陕西、甘肃，东北、华北地区也有种植。喜温暖湿润气候和砂性土壤，不耐高温，是优质饲料、优良绿肥和蜜源植物	① 播种：南方多在9月中下旬秋播，北方多在4月初至5月初春播，或冬小麦收后复种；播前浸种，旱地多条播，水田多撒播，收草田亩播量3～5千克，留种田亩播量2千克多一些； ② 施肥：播前结合深翻整地施厩肥和磷肥，每亩过磷酸钙不少于20千克；生长期追施草木灰和/或磷肥1～2次； ③ 浇水：土壤干燥时，于分枝期和盛花期浇水1～2次，春雨多的地区注意排水； ④ 收割：草高40～50厘米时收割，或分枝期至结荚前分次收割；若收割再生草，要留茬高10厘米左右

（续表）

绿肥种类	利用特点	栽培技术
水浮莲	天南星科多年生浮生草本植物，主要分布于长江流域及以南地区，华北地区也有栽培。喜湿不耐寒，浮生于水中，以分株无性繁殖为主。质嫩，富含养分，用作猪、禽、鱼的饲料和绿肥	① 春繁越冬苗：选背风向阳的浅静水处作畦，盛入10厘米厚肥泥，灌入7厘米深的水后将种苗移入，加盖保持畦温在25℃左右；注意通气、透光和保持湿度，经常换水； ② 放养：选叶片肥厚、浓绿的种苗，每亩放苗100千克；为防漂移，较大面积的水面设框围住，绿肥长满水面后撤框； ③ 施肥喷药：叶片发黄时撒施适量稀人粪尿或猪粪；用乐果防治蚜虫，用波尔多液或代森锌防治黄萎病，饲用前1周停药，以防畜禽中毒； ④ 冬季加塑料棚等防护设施，温度保持在15℃以上
碱茅	丛生型多年生旱地禾草，主要分布于东北和西北地区。根系发达、分蘖力强、耐旱、耐盐碱，是优质的家畜饲料和改良盐碱地的先锋作物	① 整地播种：一般春播，严重干旱的地方夏播；种子小，顶土力弱，播前要进行夏、秋深耕和精细平整；结合整地亩施1 500~2 000千克腐熟有机肥；每亩播量0.5~1千克，覆土1~2厘米，播后镇压； ② 除草护苗：苗期生长缓慢，注意防除杂草，严防家畜践踏和采食； ③ 后期管理：第二年后，在拔节期、孕穗期及每次收割或放牧后，应适当追肥和灌水； ④ 适时收割：再生放牧或制青干草宜在花期刈割，落粒性品种宜在70%~75%种子成熟时收获

（四）绿肥种植案例

福建省武夷山茶园套作绿肥高效利用技术应用案例如下（图5-16）。

图5-16　绿肥种植

冬季绿肥在9月中下旬至10月下旬播种，夏季绿肥则在4月中旬至6月播种。采用条播、穴播或撒播等方式。一般2龄以下茶园采用条播或穴播，每条茶行中种植2～3行绿肥，其中条播的行距20厘米左右，穴播的穴距10厘米左右，每穴3～5粒种子。如果土壤湿润，可将土壤耙松整平后撒播，播种后耙动表土将种子覆盖，利于种子发芽和出苗，也能节省用工。绿肥播种深度一般为4厘米左右，不要太深，播种后表面覆细土，以不见种子为宜，不要厚盖。

为了促进绿肥的生长，特别是在新垦或土壤较为贫瘠的茶园，施用适量的磷肥和钾肥，提高绿肥鲜草产量和品质，达到以磷增氮、以小肥养大肥的作用。施肥时间可在整地前后或结合茶园施基肥时施入，以磷肥、钾肥为主，少量氮肥。一般每亩施钙镁磷肥或过磷酸钙10～20千克、硫酸钾5～10千克。

在武夷山茶园应用该技术，核心示范面积530亩，主要种植苕子品种云光早苕、箭筈豌豆品种兰箭2号、紫云英品种闽紫6号，长势良好。经测产，苕子亩产鲜草1 120.0千克，箭筈豌豆亩产鲜草1 166.7千克，紫云英亩产鲜草1 426.7千克。绿肥覆盖的茶园土壤中全氮、有效磷、碱解氮和有机质含量分别提高5.29%~14.31%、0.71%~33.98%、2.71%~13.07%和9.82%~16.91%。茶园种植绿肥提高了果园覆盖率和土壤微生物活性，有效防止了水土流失，调节了土壤水分，减少了除草等劳动力成本。

第六章
绿色食品生产中有机肥料施用原则及方法

一、有机肥料科学施用原则

有机肥作为基肥，可铺在苗床上，局部改良土壤；也可将有机肥撒到地表，在播种前随着翻地将肥料施入土壤表层，然后耕入土中。在绿色食品种植生长过程中，科学合理施用有机肥，对促进农作物良好生长、维护土壤和生态平衡有着积极作用。

（一）因土施肥

1. 土壤养分

根据土壤肥力和作物目标产量的高低确定施肥量。对于高肥力地块，土壤供肥能力强，适当减少基肥所占全生育期肥料用量的比例，增加后期追肥的比例；对于低肥力土壤，土壤供应养分量少，应增加基肥的用量，后期合理追肥。尤其要增加低肥力地块基肥中有机肥料的用量，不仅能提供当季作物生长所需的养分，还可培肥土壤。

2. 土壤质地

不同质地土壤中有机肥料养分释放转化性能和土壤保肥性能不同，应采用不同的施肥方案。砂性土壤质地疏松，透气性好，温度高，适宜使用猪粪、牛粪等冷性的有机肥，要施得深，避免出现"烧根"的情况。沙土应增施有机肥料，提高土壤有机质含量，可改善土壤的理化性状，增强保肥保水性能。但对于养分含量高的优质有机肥料，一次使用量不能太多，使用过量容易烧苗，转化的速效养分容易流失，养分含量高的优质有机肥料可分基肥和追肥多次使用。

黏性土壤施用的有机肥料必须充分腐熟，黏土养分供应慢，有机肥料应早施，可接近作物根部。黏性土壤质地致密，透气性差，温度低，含水量低，持肥性能好，属"冷性土"，适宜选用马粪、羊粪等热性有机肥，施用时宜深不宜浅，且所施用的有机肥要完全腐熟，还可以多次施用。

（二）根据肥料特性施肥

有机肥原料广泛，不同原料加工的有机肥养分差异大，不同品种的有机肥在土壤中的反应也不同。因此，施肥时应根据肥料特性，采取相应的施肥措施，提高肥料的有效利用率。从肥效上看，磷素类养分以肥料集中施用（沟施、穴施）最为有效。如果直接把磷素类养分施入土壤，有机肥料中速效态磷易被土壤固定，因而肥效降低。沟施、穴施的关键是把养分施在根系能够伸展的范围内，超出根系伸展范围，则会造成肥效大大降低，从而造成不必要的损失。液体有机肥含有大量速效养分，可随灌溉施用，作为追肥。有些腐熟好的有机肥料也可作为追肥施用。追肥时应注意：有机肥中大量缓效养分的释放需要一个过程，所以有机肥料追肥比化肥追肥应提前几天。

（三）根据作物需肥规律施肥

不同作物种类、同一类作物不同品种对于养分的需要量及其比例、养分需要时期等均不同，因此在施肥的过程中应充分考虑作物的需肥规律，制定合理的施肥方案。

1. 绿色食品作物类型与施肥方法

需肥周期长、需肥量大的作物　此类作物特点是初期生长缓慢，中后期生长迅速，从根或果实的肥大期至收获期，要提供大量的养分才可以满足作物需求。瓜类作物及萝卜等生长期长的作物均属于此类型。这类作物前期养分需求量少，应在后期多追肥，尤其是速效肥，有机肥最好作为基肥施加，施在离根较远的地方。

需肥稳定型作物 收获期较长的作物，如番茄、黄瓜、茄子等茄果类蔬菜以及芹菜、大葱等，对养分的需求稳定持久。根据此类作物的生长规律，基肥和追肥都很重要，既要施足基肥保证前期的养分供应，又要注意追肥，保证后期的养分供应。一般有机肥和磷钾肥做基肥施用，后期注意追施氮钾肥。同样是茄果类蔬菜，番茄、黄瓜是一边生长一边收获，而西瓜和甜瓜，则是一边抑制藤蔓疯长，一边果膨大，故两类作物的施肥方法不同。两者的共同点是多施有机肥作基肥；不同点是在追肥时，茄果类蔬菜（如番茄、黄瓜、茄子）通常根据不同生长发育时期的需求合理施肥，并调整氮磷钾比例，而西瓜、甜瓜则应采用少量多次的施肥原则，并严格控制氮肥用量。

早发型 此类作物特点是在初期就开始迅速生长。像菠菜、叶用莴苣（生菜）等生长期短、一次性收获的蔬菜就属于这个类型。这些蔬菜后期不可施肥过量，否则品质会受影响。因此，要以基肥为主，施肥位置稍浅，离根近一些为好。而白菜、甘蓝等结球蔬菜，既需要初期生长良好，又需要其后期也有一定的长势，因此后期应追加少量的氮肥。

2. 根据栽培技术施肥

根据种植密度施肥 种植密度大的可全层施肥，施肥量大；种植密度小的则应集中施肥，减少施肥量。果树按棵集中施肥；株距小的蔬菜或经济作物按沟施肥；行距、株距较大的作物，按棵施肥。

注意水肥一体化 肥料施加后，养分的保存、移动、吸收和利用均离不开水，因此施肥后应立即浇水，防止养分的损失。

根据栽培措施施肥　种植地为密闭环境的，应施用充分腐熟的有机肥料，以防有机肥料在大棚内二次发酵，造成氨气富集而烧苗。由于大棚内无雨水淋失，土壤溶液中的养分在地表容易富集，因此肥料一次施用量不应过多，并且施肥应配合浇水。

（四）有机肥料与化肥配合施用

有机肥料养分全面，但含量较低，施用量低则不能满足作物高产、优质、增收对养分的需求，所以实际生产中要配合无机肥施用。在使用有机肥时，应根据作物对养分的要求配施化肥，做到平衡施肥，并在作物生长期间根据实际情况喷施叶面肥，确保作物正常生长发育；制定合理的基肥、追肥分配比例，不管是基肥还是追肥，都要适量，避免一次性过量施用。通常情况下，基肥用量约为全生育期施肥量的60%，而磷肥因其分解速度较慢，可将基肥用量增至70%。氮、钾两种肥料的追施用量，以全生育期施肥量的40%为宜。施用高质量的农家堆肥和厩肥，以每亩5 000千克为宜。高品质有机肥料的施用，以每亩100千克为宜。高温栽培作物最好减少基肥施用量，增加追肥施用量。

二、基肥及其施用方法

基肥也称作底肥，是指在作物播种前或种植初期施用的肥料，其主要作用是为作物提供生长所需的养分，促进作物根系的发育，提高土壤肥力，为作物高产优质打下坚实基础。基肥的施用能够改善土壤结构，提高土壤保水保肥能力，为作物生长创造良好的土壤环境，是作物生长过程中的重要营养来源，对于提高作物产量和品质至关重要。要让基肥发挥最佳效果，需要注意施用方式、施用量、施用深度和时间。

（一）基肥施用方式

施肥方式不合理是影响农业生产及生态环境恶化的主要原因。科学合理的有机肥施肥方式是保证作物产量、降低生产投入和改善土壤质量的重要途径，是实现高效生态农业的重要组成部分。有机肥料具有养分释放慢和肥效长的特点，因此最适宜作基肥施用，包括全层施用和集中施用两种方式。

1. 全层施用

全层施用是在翻地时，将有机肥料撒到地表，随着翻地将肥料施入土壤表层，然后耕入土中，该方法简单、省力，肥料施用均匀，适宜种植密度较大的作物。

这种方法同时也存在一些缺陷。一是肥料利用率低。由于在整个田间进行全面撒施，所以一般施用量较多，但作物能吸收利用的只是根系周围的肥料，而施在根系不能到达部位的肥料则会流失。二是容易产生土壤障碍。有机肥中磷、钾养分丰富，而且在土壤中不易流失，大量施肥容易造成磷、钾养分的富集，导致养分不平衡。三是在肥料流动性小的温室，大量施肥会造成土壤盐浓度增高。

该施肥方法适用于种植密度较大的作物，以及用量大，养分含量低的粗杂有机肥料。

2. 集中施用

除了量大的粗杂有机肥料，针对养分含量高的商品有机肥料，一般采用沟施或穴施的集中施用方式，即根据有机肥料的质量和作物根系生长状况，将有机肥料集中施用在植物根系伸展部位，充分发挥肥效。集中施用并不是离定植穴越近越好，是根据有机肥料的质量情况和作物根系生长情况，离定植穴一定距离施肥，作为缓效肥随着作物根系的生长而发挥作用。施用有机肥料的位置，土壤通气性变好，根系伸展良好，还能使根系更高效地吸收养分。例如，玉米种植中，基肥施用建议采用条施或穴施，因为所施用的肥料在一定的范围内距离玉米的根系越近，那么玉米根系吸收和利用的效率就越高。需要注意的是不管是选择条施还是选择穴施，在肥料施用前务必将其拌匀捣细，并在耕地过程中把肥料翻入土壤之中。

从肥效上看，集中施用对发挥磷酸盐养分的肥效最为有效。如果直接把磷酸盐养分全层施入土壤，有机肥料中的速效态磷成分易被土壤固定，因而其肥效降低。腐熟好的有机肥料中含有很多速效性磷酸盐成分，为了提高其肥效，有机肥料应集中施用，减少土壤对速效态磷的固定。

沟施、穴施的关键是把养分施在根系能够伸展的范围内。因此，集中施用时施肥位置是重要的，施肥位置应根据作物吸收肥料的变化情况而加以改变。最理想的施肥方法是，肥料不要接触种子或作物的根，距离根系有一定距离，作物生长到一定程度后才能吸收利用。

采用条施和穴施，可在一定程度上减少肥料施用量，但相对来讲施肥用工投入增加，可能人工成本会有所增加。

（二）基肥施用量

可作为基肥的有机肥料包括普通粪肥发酵而成的堆肥、商品有机肥，以及发酵中添加固氮菌、解磷解钾菌等微生物菌剂的生物有机肥等。适合用作基肥的肥料有猪圈粪、牛栏粪、羊圈粪、禽粪、秸秆堆肥、沼渣肥、草木灰、饼肥、绿肥等，一般将猪圈粪、马厩肥、牛栏粪、秸秆堆肥、绿肥混合高温堆制生产堆肥，有助于克服各自的缺点。合理施加基肥可以提高土壤养分含量，促进作物生长，提高植物地上、地下部干重及产量，从而提高作物的营养品质，但过量施肥可能会使土壤缺水造成作物根系吸水困难，影响生长，抑制某些活性成分的积累。

施足基肥的依据主要是测土配方施肥，底追合理搭配。具体来

第六章
绿色食品生产中有机肥料施用原则及方法

讲就是依土壤肥力（土壤养分化验结果）确定产量指标，以产量指标和作物需肥规律确定需肥量，以需肥量、土壤供肥能力和有机肥的供肥能力确定施肥总量。例如，常年单产稳定在400～500千克的中高产麦田，要把总需氮量的50%作基肥，以协调好保穗数与促穗粒重之间的关系。常年单产低于400千克的中低产田，应重施基肥，要把总需氮量的60%～70%作基肥，以达到增加冬前分蘖数和分蘖成穗率、保证亩穗数的效果。晚茬麦应在加大播种量的同时，加大基肥施用量。基肥要多施农家肥、有机肥，一般每亩施农家肥4吨左右，或商品有机肥150～200千克。

对于棚室蔬菜，不同地区的棚室，土壤质地不同，保水能力和供肥能力也不同。差异较大的是砂质土与黏质土，砂质土保水保肥能力差，肥力水平要低于黏质土，而黏质土的供肥能力差，因此，在施用基肥时，要区别对待。对于砂质土，应增施有机肥，同时配合施用土壤改良剂或保水剂，增强其保水保肥能力；而黏土地透气性差，土粒结构形成少，可通过施用稻壳、鸡粪或秸秆还田等措施加以改良。另外，刚建的新棚室表层土为生土，所含的有机质少，各种养分含量不足，必须通过施基肥加以改土、肥土。建议每亩用20米^{3}稻壳粪、鸡粪或鸭粪，40～50千克三元复合肥及中微量元素肥，深翻入土，并在定植前穴施生物菌肥，补充土壤中的有益菌。对于老棚室，由于常年施肥，尤其是冲施了大量的化学肥料，多表现为养分含量高，但利用率低，因此，应注意增施生物菌肥，以提高养分利用率。每亩施用粪肥15米^{3}左右，而化肥的施用量应减半。

生物有机肥施用参考商品有机肥的常规施用量，生物有机肥作为基肥在不同农作物上的施用量如下。

设施果蔬 西瓜、草莓、辣椒、番茄、黄瓜等，每季施用4.50～7.50吨/公顷。

露地瓜菜 西瓜、黄瓜、马铃薯、毛豆及葱蒜类等，每季施用

4.50~6.00吨/公顷；青菜等叶菜类，每季施用3.00~4.50吨/公顷；莲子每季施用7.50~11.25吨/公顷。

粮食作物 小麦、水稻、玉米等，每季施用3.00~3.75吨/公顷。

油料作物 油菜、花生、大豆等，每季施用4.50~7.50吨/公顷。

特种作物 果树、茶叶、花卉、桑树等，每季施用7.50~11.25吨/公顷；新苗木基地，在育苗前基施11.25~15.00吨/公顷。

新平整后的生土田块 为逐渐提高新平整后的生土田块土壤肥力，建议3~5年内每年增施11.25~15.00吨/公顷。

土壤肥力与作物种类不同也应采取不同的基肥施用比例。对于高肥力地块，适当减少基肥所占全生育期肥料用量的比例，增加后期追肥的比例；对于低肥力地块，适当增加基肥所占全生育期肥料用量的比例，减少后期追肥的比例。不同作物种类、同一作物的不同品种对养分的需求量及其比例、养分需要时期、对肥料的忍耐程度均不同，因此在施肥时应该充分考虑每一种作物的需肥规律，制订合理的施肥方案。

有机肥基肥和追肥的配施用量对于蔬菜的产量、水分利用效率和养分供应有显著影响，因此综合考虑实际生产需要，对于基肥的施用量应适当调整。例如，种植叶用莴苣（生菜）时，鸡粪有机肥作为基肥的施用量为5~20千克/米^{3}较佳；基肥和追肥的配施，基肥施用量为10千克/米^3、灌溉EC（电导率值）为1.5毫西门子/厘米的有机液肥，不仅能保证生菜的产量和品质，还能有效提高灌溉水的利用效率。栽培苹果时，追施氮肥选择氨基酸粉剂80%+蛋白粉20%、施肥水平为160千克/公顷，可以发挥肥料的最佳效益。追施磷肥应选择50%植酸钙+50%改性磷矿粉，同时保证施肥水平维持在60千克/公顷时效果较好。追施钾肥应选择腐植酸钾作为供钾肥源，同时保证施肥量维持在100千克/公顷时肥效较好。

第六章
绿色食品生产中有机肥料施用原则及方法

（三）基肥施用深度和时间

基肥施用的位置和深度对于作物产量有重要影响。例如，种植果树时，基肥施入部位离树的远近深浅要适宜，不能随意决定，应施在根系集中分布区域。一般来说，地下部根系的分布多与地上部枝叶分布相一致，因而，施肥距树干的远近应以树冠垂直投影的边缘处为宜，深度30～40厘米。有试验表明，种植玉米时，在农民习惯一次性施肥条件下，基肥施用位置在玉米种子侧方5厘米、下方8厘米的产量比基肥施用位置在种子侧方5厘米、下方5厘米具有一定优势，并且产量增加明显。

设施种植一般生长周期长，需肥量大的作物需要大量施用有机肥，作为基肥深施，施用在离根较远的位置。一般有机肥和磷钾肥做基肥施用。早发型作物若后半期氮素肥料过多，则品质恶化，所以要以基肥为主，施肥位置也要浅一些，离根近一些为好。以莲藕为例，其种植方式不同则基肥的施用方式也不同；采用浅水栽培时，须在定植前15天清除大田杂草，深翻25～30厘米，耙平泥面，最后一次耕翻前施足基肥；采用地膜覆盖栽培时，须在定植前3～5天施足基肥，并确保在整地前施入；采用大棚促成栽培时，则应在建棚栽培前进行翻耕、整地和施基肥，基肥施入后立即耕翻、耙细、整平，建棚后栽植前7～10天，给田间灌足水，并保持1～1.5厘米深的浅水层，然后密闭大棚提高水温、地温。

施肥时间的差异也会导致肥效不同。基肥秋施比冬施、春施效果好，一般于8月20日至9月中下旬，效果最佳，最迟不超过10月中下旬。这一时期秋雨充沛，空气湿度大，土壤墒情好，气温低，地温高，极有利于肥料腐熟分解，能较快被作物吸收利用，并运送到作物的各个部位；在施肥过程中，铲断的部分根系，断根容易愈合，还能产生许多新根和吸收根。有资料显示，苹果树秋季施基肥比冬施、春施基肥可提高坐果率8%～10%，提高产量20%～25%，肥料的利用率提高15%~20%。

三、追肥及其施用方法

追肥是作物生长期间的一种养分补充供给方式，一般适宜穴施或沟施。要巧施追肥，还要注意按照不同肥料、不同作物的品种特性进行施肥，同时要配合科学的耕作和灌溉措施，才能有效培肥土壤，提高作物的产量和品质。有机肥料不仅是理想的基肥，腐熟好的有机肥料含有大量速效养分，也可作追肥施用。人粪尿有机肥料的养分主要以速效养分为主，作追肥更适宜。

（一）追肥的施用方法

1. 土壤追肥

土壤追肥主要是在作物旺盛生长期结合浇水、培土等进行追肥。对于密度大、根系浅的作物可采用铺肥追肥方式，即当作物长至3~4片叶时，将肥料晾干制细，均匀撒到田间，并及时浇水。对于种植行距较大、根系较集中的作物，可开沟条施追肥，注意开沟时不要伤断根系，将肥料撒入沟内，用土盖好后及时浇水；另外，还可采用开穴追肥的方式。适合土壤追肥的肥料主要有羊圈粪、兔窝粪、禽粪、草木灰、饼肥等，这些肥料普遍具有易腐熟、肥效快、适用性广的特点，其中，草木灰应优先用于喜钾蔬菜。土壤追肥施入土层不宜过深，一般将有机肥施在根系密集层附近，施后覆土，以免造成养分挥发损失。大棚蔬菜土壤追肥，结合灌溉冲施和沟施有机肥一般在幼果膨大期，结合浇水进行追肥，每次、每沟冲施腐熟的畜禽粪肥3~5千克或饼肥1~1.5千克，10~20天施用一次。为防止大棚植株因氨害以及湿度提高诱发病害，每次追肥的面积应控制在设施总面积的1/5左右，间隔4~5行追施一行，每3~5天施用一次，每30~40天轮施一次。

第六章
绿色食品生产中有机肥料施用原则及方法

以根类蔬菜胡萝卜为例，除施用基肥外，还要追肥2~3次，第一次是在出苗后20~25天，有3~4片真叶后进行，第二次在肉质根膨大前期进行，第三次在根系膨大盛期，每亩追优质堆肥2 000千克或认证的商品有机肥1 000千克、草木灰30千克。生长后期应避免肥水过多，否则易造成裂根，也不利于贮藏。胡萝卜对土壤溶液浓度很敏感，所以施肥切忌浓度过高。

以叶菜类结球生菜为例，其需肥较多，应勤施多施，定植后5~6天每亩追50千克饼肥，在莲座期应每亩追施饼肥100千克。

2. 叶面追肥

叶面追肥是将有机肥与水按1∶10的比例混合均匀，静置后将其上层清液，倒入到喷雾器中，将溶液均匀喷在作物叶片的正反面，供叶面吸收。主要是在苗期和生长期选取生物或有机叶面肥，每隔7~10天喷一次，连喷2~3次。适宜作叶面追肥的肥料主要有沼液、液体有机肥、人粪尿（不应在叶菜类、块茎类和块根类植物上施用人粪尿；在其他植物上施用时，应当充分腐熟并进行无害化处理，并不应与食用部分接触）等。人粪尿中有机质含量较低，磷、钾含量也比较少，但氮含量较多，且碳氮比小，肥效迅速，一般兑水3倍左右泼浇，作为速效氮肥施用。由于含有一定的盐分，一次施用不可过多，其卫生条件须符合要求。使用专缸储存，加盖，夏季可储存半个月，春秋季可储存1个月。沼液也是速效氮肥。不同液体有机肥因为原料不同致使其中养分含量差别很大，应该根据产品包装合理施用，严禁过量施用。

在根菜类蔬菜生长期间，根据菜园有益昆虫数量喷洒堆肥茶。如果菜园有益昆虫数量丰富，全生长季喷1~2次即可；如果菜园中有益昆虫数量不够，每个月施2次。在根类蔬菜长出第一片真叶时，喷洒堆肥茶的效果好。有条件的生产基地可施用沼液追肥，施用未经腐熟或腐熟程度达不到要求的沼液，很容易造成蔬菜大面积烧根。在选择沼液时,要选择在沼液储存罐或储存池中储存时间超过3个月的沼液。在施用前4~5天,将沼液和水按1∶2比例勾兑,待施用时随水冲施。在花菜类蔬菜需要追肥的时期,每亩地冲施勾兑液3~4米³,冲完沼液后,浇水20米³左右。也可以选用经过认证的高氮液体有机肥,连续追施3~4次,每次追3千克/亩,采用冲施或滴灌方式施用。

（二）追肥的注意事项

人粪尿有机肥料的养分主要以速效养分为主,作追肥更适宜。有机肥料作追肥应注意以下事项。

①有机肥料含有速效养分,但数量有限,大量缓效养分释放还需要过程,所以有机肥料做追肥时,同化肥相比追肥时间应提前几天。

②后期追肥的主要目的是满足作物生长过程对养分的极大需要,保证作物产量。作物快速生长期间需要大量的氮、钾等养分,一般有机肥料中氮、钾养分含量并不高,为保证作物快速生长对养分的需求,要选用氮、钾养分含量较高的高品质有机肥。

③制定合理的基肥、追肥分配比例。地温低时,微生物活动弱,有机肥料养分释放慢,可以把施用量的大部分作为基肥施用;而地温高时,微生物活动能力强,如果基肥用量太多,定植前,肥料被微生物过度分解,定植后,立即发挥肥效,有时可能造成作物徒长。所以,对高温栽培作物,最好减少基肥施用量,增加追肥施用量。

④追肥时间一般在晴天清晨,严格执行开沟、撒粪、掘翻、覆土、浇水、盖膜的施肥步骤。

⑤结合植株生育周期追肥,一般植株生育前期不追肥。例如,番茄在第一穗果坐齐、长至山楂大小（黄瓜根瓜坐住,茄子门茄坐稳,辣椒门椒坐稳）时追施第一次肥料,采收第一批果实后追施第二次肥料。植株进入采果盛期后,应增加追肥次数和数量,每15天左右追肥一次,结果后期可减少追肥或不追肥。

⑥根据植株生长状况追肥。例如，黄瓜，瓜秧长势较强，生长点部位新发叶片较大，叶缘呈刺状、缺刻明显、叶色明亮、呈黄绿色，瓜条生长速度快、化瓜少、瓜色明亮、瓜条顺直，说明肥水较足。反之，若生长点部位新发的叶片小、圆、缺刻不明显，生长速度慢，瓜色发暗，瓜条弯曲，多出现细腰瓜、尖嘴瓜等现象，说明缺肥，应及时追肥，并适当增加追肥量。

⑦结合季节进行追肥。冬季气温较低，为提高大棚地温、疏松土壤并保障大棚内的二氧化碳供应等，可在入冬前半个月左右每亩沟施腐熟的干粪2 000～2 500千克或稀粪2 500～3 000千克，有机肥可发酵散热提高地温，促进植株根系生长，还可释放出大量的二氧化碳，促进植株进行光合作用。

⑧由于施入土壤中的有机肥料的利用效果受到耕作方式和灌水的影响，因此耕作要根据不同作物种类的特性和生长季节安排进行。中晚秋、早春播种作物应深耕，肥料用量多些。晚春、早夏、早秋播种品种耕浅些，肥料用量少些。同时，灌溉要保证肥料施用时的肥水同步和肥料施用后最佳效果期的肥水同步。

⑨叶面喷肥最好是在作物的生长转折期进行，每次喷施时间至少间隔20天，一般来说每季作物喷施2～3次。不同植物、不同肥料叶面喷肥，适宜时期也有一定差异。水稻、玉米、小麦等禾谷类作物，宜在孕穗、扬花、灌浆期喷肥；大豆、花生、蚕豆、菜豆等豆类作物，宜在开花、结荚期喷肥；棉花宜在花铃期喷肥。钼肥宜在植物开花前喷施；硼肥和锌肥则在植物初花期喷施效果最好。从喷肥时间上讲，应在无风的阴天或晴天上午，叶面露水干后，避开烈日高温时段，早、晚喷施效果好。

四、有机与无机肥料配施方法

(一) 有机与无机肥料配施的作用

有机无机肥料配施是科学施肥技术的重要发展方向，也是解决不合理施肥所带来问题的重要措施。一般来讲，有机肥有机质含量丰富、养分元素全面而含量低、肥效缓、培肥效果好，对环境的负面影响较小；无机化学肥料养分含量高，肥效快，对环境的负面影响较大。二者结合可取长补短，保证农作物的高产优质，培肥土壤，实现土壤的可持续利用，同时减轻对环境的负面影响。因此，采取有机无机配施的科学施肥制度，是实现农作物高产、提高土壤质量、减轻农业对环境负面影响的重要措施。具体体现在以下几个方面。

1. 有机与无机肥料配施对作物产量与品质的影响

有机与无机肥料配合施用对作物产量的影响 在实际生产中，有机与无机肥料配施是中低产田维持作物高产并培肥地力的重要途径。许多试验结果表明，适当的有机与无机肥料配施比例能够保持和提高水稻、小麦等农作物的产量，但有机肥的比例超过一定阈值有可能降低作物产量。

有机与无机肥料配施对作物品质的影响 有机与无机肥料配施对蔬菜瓜果等农产品的品质有重要影响。多数报道表明相对于单施化肥，合理的有机与无机肥料配施在保证产量的同时，可以降低叶菜中硝酸盐的含量，同时提高其体内可溶性糖、维生素C、蛋白质含量；果实类作物单果重、果实硬度以及可溶性固形物含量均明显提高，纤维品质也能得到改善。

有机与无机肥料配施可以为作物提供更加全面、平衡的养分，为实现作物的高产优质提供了物质基础，同时营养元素的形态、数量及比例可以影响植物的激素代谢，对作物的产量和品质产生重要影响。有机肥中的生物活性物质（氨基酸、酶、腐殖酸等有机小分子）可能对植物内源激素代谢产生影响，从而促进作物生长。有机肥养分释放稳定持续，合理的有机与无机肥料配施可以和作物的生理需求和谐同步，和谐的养分供应确保了作物营养代谢协调平衡，提高了作物的自身免疫能力，减少了作物的应激产物和有害物质的积累，促进了养分向作物繁殖器官及其储藏性产物的富集，从而实现抗逆、增产、增质的目标。

2. 有机与无机肥料配施的培肥与供肥特性

有机与无机肥料配施的培肥特性　有机与无机肥料配施能够增加土壤水稳性以及非水稳性团聚体的数量，提高土壤团聚体的稳定性，促进土壤团粒结构的形成；可增加土壤孔隙度、降低容重，调节土壤通气性，建立良好的耕层结构。另外，长期进行有机与无机肥料配合施用能保持或增加土壤有机碳含量。有机肥的施入还提高了土壤有机胶体的数量，增强土壤保肥保水的能力，使得土壤中水肥气热更加合理。由于有机胶体的大量存在，土壤的缓冲能力得到提高，维持了土壤pH值的稳定，改善了作物根际环境。有机与无机肥料配施可以提高土壤中细菌、真菌和放线菌数量，提高微生物多样性指数，使得群落结构更复杂，从而促进土壤中微生物的繁殖与活动，可以更好地调节土壤氮素的释放。

有机与无机肥料配施的供肥特性　在实际生产中，通过合理调节有机与无机肥料的配合比例，可以使维持土壤溶液中养分强度的能力得到提升，同时持续改善土壤溶液中速效养分的供应能力。

3. 有机与无机肥料配施的环境效应

与单施化肥相比，有机与无机肥料配施能够减少土壤剖面中NO_3^--N的累积，可能的主要原因：一是等氮量条件下，有机无机肥料配施有机氮占有一定比例，这部分氮需要矿化后才能转化为NO_3^--N，因此短时间内不会造成氮的淋失；二是有机与无机肥料配施提高了土壤的碳氮比，同时也为土壤微生物提供了碳源，刺激了土壤微生物的增殖，可以暂时将土壤中多余的NO_3^--N转化为有机氮，起到了固定作用；三是有机与无机肥料配施，有机肥能改良土壤理化性质，如有机胶体的增加可以尽可能多地吸附NO_3^--N，起到了保肥的作用，良好的土壤结构可以改善土壤的保水性能，减少NO_3^--N随水向下渗漏。

（二）有机与无机肥料配施的方法

有机与无机肥料的配施方法在农业生产中至关重要。这两种肥料的有效组合可以最大限度地提高作物的产量和品质，同时减少对环境的负面影响。

有机肥料和无机肥料各自有着独特的特点。有机肥俗称农家肥，源于动植物的残体、粪便等经过发酵腐熟的含碳有机物料，含有丰富的有机质和微量元素，能够改善土壤结构、增加土壤肥力和保水性。而无机肥料则是化学合成的肥料，通常含有高浓度的氮、磷、钾等营养元素，能够迅速为作物提供养分，促进作物生长。在保障养分充足供给的基础上，无机氮素和磷素用量不得高于当季作物需求量的一半，根据有机肥料或农家肥钾素投入量相应减少无机钾肥施用量，因地制宜地补充微量元素。推荐使用作物专用肥，结合水肥一体化、侧深施肥和机械一次性施肥等技术措施，提高肥料利用效率，合理减少化肥使用量。

应充分发挥有机肥与无机肥的优势，同时避免它们的缺点。以下为几种常见的配施方法。

混合施用 这种方法具有养分均衡供应、肥料利用率高，可以改善土壤环境、活化土壤养分，以及具有生理调节作用的优点。可以根据土壤的类型、作物的需求以及生长阶段的不同，合理调配有机肥和无机肥的比例。例如，在播种前，可以在土壤中施入有机肥，提高土壤的有机质含量和微生物活性，从而为作物的生长提供持久的营养;而在作物生长期间,可以通过在灌溉水中添加适量的无机肥料,满足作物迅速生长所需的养分。

交替施用 这种方法可以充分利用两种肥料的优势,减少对土壤和环境的负面影响。可以根据作物的需求和生长周期,交替使用有机肥和无机肥。例如,在作物生长初期和中期可以施用无机肥料,以迅速提供养分,促进作物的生长和发育;而在作物生长后期,则可以施用有机肥料,以增加土壤的肥力和保水性,提高作物的产量和品质。

局部施用 根据土壤肥力、作物生长需求和当地气候条件,在不同的生长阶段和不同的地区局部施用,这样可以避免肥料浪费和环境污染,同时可提高肥料利用率,并且能够针对性地满足作物在不同生长阶段的营养需求。例如,在种植密度较高或作物根系发育不良的情况下,可以将有机肥和无机肥直接施用在作物根际区域,提高养分利用率和作物的生长效率。

配方施用 根据作物的生长需要和土壤的养分状况,确定土壤中缺乏的营养元素和有机物质,然后合理调配营养元素的比例,设计合理的有机肥和无机肥施用配方,从而确保作物获得全面、均衡的营养供应。在土壤养分状况复杂、作物生长需求多样的情况下,通过土壤测试和作物观察,设计合理的肥料配方,最大限度地提高作物产量和品质。

除了有机肥与无机肥的配施方法外,还应注意施肥的时机、方式和数量。在施肥时应避免雨季和高温天气,以免肥料被冲走或挥发,造成养分的浪费和环境的污染。应将肥料均匀撒布在作物的根际区域,并及时进行灌溉,以促进肥料的吸收和利用。此外,注意施用数量,不同的作物在不同生育期的需肥量不同,不能多施也不能少施。

综上所述,有机肥与无机肥的配施方法是农业生产中的重要环节，能够最大限度地提高作物的产量和品质，同时减少对环境的负面影响。通过合理选择配施方法和施肥时机，可以实现养分的均衡供应，提高土壤的肥力和保水性，促进作物的生长和发育，从而实现农业可持续发展的目标。

（三）不同作物有机与无机肥料配施的差别

有机肥能够调节土壤pH值，增加土壤有机碳含量，缓解施用化肥带来的负面生态效应，缺点在于成本过高；而无机肥虽能迅速改善土壤养分状况，维持土壤平衡，但长期使用会对土壤环境产生不利影响。化学氮肥的长期施用是导致土壤酸化的一个重要原因，这在多个长期施肥定位试验中已经得到证实。混合使用有机和无机肥料则在一定程度上结合了二者的优点，为实现土壤肥力可持续管理提供了一种平衡策略。

王磊等（2024）以番茄为研究对象探究不同培肥措施对蔬菜生长指标的影响，发现无机肥（氮磷钾复合肥料）在番茄植株高度、叶面积、果实大小和数量方面均表现出显著的促进生长效果（表6-1）。无机肥促进了植物旺盛生长和产量增长，同时，有机与无机肥料配施（有机肥为牛粪堆肥）也能达到较好生长效果。

表6-1 不同培肥措施对番茄生长的影响

施肥类型	植株高度（厘米）	叶面积（厘米^2）	果实大小（克）	果实数量（个）
有机肥	150a	250a	95a	60a
无机肥	165c	270c	105c	75c
混合肥料	160b	260b	100b	70b

张智英等（2024）以沧州市金丝小枣为研究对象，使用羊粪有机肥和常规化肥，设置不同施肥处理，考察有机肥和化肥配施对枣

园土壤、金丝小枣产量和品质的影响,发现有机肥料(腐熟羊粪)和无机肥料(氮肥选用尿素,磷肥选用过磷酸钙,钾肥选用氯化钾)配施(1∶1)的坏果率、单果果重、果纵径、横径及果形指数等指标相较不施有机肥料有明显的提高,同时产量也上升了47.54%。

程艳丽和邹德乙(2007)研究了棕壤连续施肥15年后残留养分对粮豆产量和土壤化学性质的影响,发现低量有机肥与磷钾肥配施处理增产率最高,比不施肥增加119.5%,施化学磷肥的增产率较低,只有2.1%,施化学磷钾肥的增产率也只有3.7%。同时,棕壤在连续培肥15年后,有机肥、磷肥残留养分的作用仍在3年以上(表6-2)。

表 6-2　不同施肥起始年份下残留肥料对粮豆作物产量的影响

施肥起始年份	作物	各处理作物的产量(千克/公顷)								
		CK	P	PK	M_1	M_1P	M_1PK	M_2	M_2P	M_2PK
1995	玉米	2 945	3 443	3 464	6 081	8 345	8 694	7 682	8 339	8 295
1996	大豆	1 499	1 821	1 926	2 055	1 964	2 277	2 046	2 046	2 096
1997	玉米	3 945	3 303	3 308	6 428	7 352	7 437	6 380	7 136	7 239
合计		8 388	8 567	8 697	14 564	17 660	18 408	16 107	17 520	17 630
增产率(%)			2.13	3.68	73.62	110.53	119.46	92.02	108.87	110.18

注:CK—不施肥;P—施磷肥;PK—施磷钾肥;M_1—施低量有机肥;M_1P—施低量有机肥+磷肥;M_1PK—施低量有机肥+磷钾肥;M_2—施高量有机肥;M_2P—施高量有机肥+磷肥;M_2PK—施高量有机肥+磷钾肥。

王昱杭等(2024)通过研究不同比例的有机无机肥料配施,发现与对照相比,施肥处理提高了水稻各部分生物量。其中,有机肥含量为25%的处理提升糙米、稻壳及籽粒产量的幅度最高(相比对照,分别增加102.9%、81.1%和98.9%);有机肥含量为50%的处理提升秸秆产量幅度最高（相比对照，增加55.9%）；与全施无机肥的处理相比，施用25%有机肥和50%有机肥的处理糙米和籽粒的产量均无显著差异。

阳美雪等（2024）研究辣椒专用有机无机复混肥对辣椒产量、品质和抗病性的影响发现，T1处理的产量最高，平均产量比T2处理和CK显著提高，增产率分别为26.35%和41.41%，且折合产量达33 995千克/公顷，同时T1处理的病虫害率也有显著的下降（表6-3）。

表6-3 不同施肥处理对辣椒产量的影响

处理	各小区产量（千克）			平均产量（千克）	折合产量（千克/千米²）
	I	II	III		
CK	46.06	48.28	49.89	48.08c	24 040
T1	69.58	67.46	67.46	67.99a	33 995
T2	54.71	49.17	49.17	53.81b	26 905

注：CK—不施肥对照（CK）；T1—基肥施用辣椒专用有机无机复混肥1 500千克/公顷；T2—基肥施用当地常规有机肥1 500千克/公顷，有机质含量不低于50%，追肥施用42%硝硫基复合肥750千克/公顷。

大多数有机肥对作物生长具有很好的促进作用，但是有些新鲜的有机肥含有多种病原体，如果不采取合适措施进行处理，施用在作物上可能会带来卫生等问题，因此，国际上对此做了很多的规定。例如，如果给可鲜食的作物施用未处理的新鲜有机肥，至少要在作物收获前的3个月进行；对于与土壤密切接触的根菜类作物，施用有机肥和收获作物的时间间隔为4个月；不要在果树下方表施未处理的新鲜有机肥，因为有时果树下的落果也被采收。采用堆肥处理技术可有效避免因施用新鲜有机肥而出现的各种问题，因为在堆肥过程中所产生的热量会杀死大部分杂草种子和病原菌。

第七章
绿色食品主要作物生产施肥方法

一、粮食类作物施肥方法

(一) 小 麦

小麦在我国已有5 000多年的种植历史,以冬小麦为主,种植区域广泛,从南到北、从平原到山区,几乎所有农区无不栽培小麦,主产区是河南、山东、江苏、河北、湖北、安徽等省。

1. 华北平原及关中平原灌溉冬麦区

包括山东、天津,河北中南部、北京中南部、河南中北部、陕西关中平原、山西南部。施配方肥采用N-P-K为20-15-10或相近配方。施肥建议如下。

①基肥推荐施用800~1 200千克/亩腐熟有机肥。

②产量水平400千克/亩以下,配方肥推荐用量30~35千克/亩,起身期到拔节期结合降水追施尿素8~10千克/亩;产量水平400~500千克/亩,配方肥推荐用量35~40千克/亩,起身期到拔节期结合灌水追施尿素10~14千克/亩;产量水平500~600千克/亩,配方肥推荐用量40~45千克/亩,起身期到拔节期结合灌水追施尿素14~18千克/亩;产量水平600千克/亩以上,配方肥推荐用量45~50千克/亩,起身期到拔节期结合灌水追施尿素18~20千克/亩。

③在缺锌或缺锰地区可以基施硫酸锌或硫酸锰1~2千克/亩,

缺硼地区可基施硼砂0.5~1千克/亩。提倡结合"一喷三防",每亩用磷酸二氢钾150~200克和尿素0.5~1千克兑水50千克,在灌浆期叶面喷施1~2次。采用水肥一体化,可在关键生长期分次追肥,坚持少量多次原则。若选用长效缓释新型肥料,可作为基肥一次性施用。遇特殊天气导致晚播、弱苗和田块未施肥,宜在冬灌或冬季降雪时因苗情和产量水平,提早追施尿素5~10千克/亩、磷酸二铵5~10千克/亩。

2. 华北雨养冬麦区

包括江苏及安徽两省的淮河以北地区,河南东南部。施配方肥采用N-P-K为25-15-5或相近配方。施肥建议如下:

①基肥推荐施用800~1 000千克/亩腐熟有机肥。

②产量水平350千克/亩以下,配方肥推荐用量15~20千克/亩,起身期到拔节期结合降水追施尿素8~10千克/亩;产量水平350~450千克/亩,配方肥推荐用量20~25千克/亩,起身期到拔节期结合降水追施尿素10~12千克/亩;产量水平450~500千克/亩,配方肥推荐用量25~30千克/亩,起身期到拔节期结合降水追施尿素12~14千克/亩;产量水平500千克/亩以上,配方肥推荐用量30~35千克/亩,起身期到拔节期结合降水追施尿素14~16千克/亩。

③在缺锌或缺锰地区可以基施硫酸锌或硫酸锰1~2千克/亩,缺硼地区可基施硼砂0.5~1千克/亩。提倡结合"一喷三防",每亩用磷酸二氢钾150~200克和尿素0.5~1千克兑水50千克在灌浆期叶面喷施1~2次。若选用长效缓释新型肥料,可作为基肥一次性施用。遇特殊天气导致的晚播、弱苗和未施肥田块,宜在冬灌或冬季降雪时因苗情和产量水平,提早追施尿素5~8千克/亩、磷酸二铵5~7千克/亩。

(二) 水 稻

我国是水稻的发源地之一,种植水稻已有7 000多年历史,水稻产量和种植面积均居世界第一位,产量占世界总产量的30%左右,主产区是东北地区、长江流域和珠江流域。以长江流域稻区为代表,施肥建议如下。

1. 长江中游单双季稻区

包括湖北省中东部,湖南省东北部,江西省北部,安徽省全部。

(1) 双季早稻

①基肥推荐施用500~1 000千克/亩腐熟有机肥。

②产量水平350千克/亩以下,氮肥(N)用量5~6千克/亩(尿素10~12千克/亩);产量水平350~450千克/亩,氮肥(N)用量6~8千克/亩(尿素12~14千克/亩);产量水平450~550千克/亩,氮肥(N)用量8~10千克/亩(尿素14~16千克/亩);产量水平550千克/亩以上,氮肥(N)用量10~13千克/亩(尿素16~18千克/亩)。磷肥(P_2O_5)4~7千克/亩(磷酸二铵8~15千克/亩),钾肥(K_2O)4~8千克/亩(硫酸钾8~15千克/亩)。

③氮肥基肥占50%~60%,蘖肥占20%~25%,穗肥占20%~25%;磷肥全部作基肥;钾肥基肥占50%~60%,穗肥占40%~50%;在缺锌地区,适量施用锌肥(硫酸锌)1千克/亩;适当基施含硅肥料;有机肥全部基施。

④采用机插秧侧深施肥的田块,氮肥用量可减少10%~20%;施用缓释配方肥的田块,氮肥用量可减少10%。

⑤施用有机肥或种植绿肥翻压的田块,基肥用量可适当减少;常年秸秆还田的地块,钾肥用量可减少30%左右。

(2) 双季晚稻

①基肥推荐施用700~1 100千克/亩腐熟有机肥。

②产量水平400千克/亩以下,氮肥(N)用量6.5~8.5千克/亩(尿素14~16千克/亩);产量水平400~500千克/亩,氮肥(N)用量8.5~10.5千克/亩(尿素16~18千克/亩);产量水平500~600千克/亩,氮肥(N)用量9.5~11.5千克/亩(尿素18~20千克/亩);产量水平600千克/亩以上,氮肥(N)用量10.5~12.5千克/亩(尿素20~22千克/亩)。磷肥(P_2O_5)用量3~5千克/亩(磷酸二铵8~12千克/亩),钾肥(K_2O)用量6~8千克/亩(硫酸钾11~15千克/亩),锌肥(硫酸锌)用量1~2千克/亩。

③氮肥总量的50%~60%作基肥,20%~30%作分蘖肥,10%~20%作穗肥;磷肥全部作基肥;钾肥总量的60%~70%作为基肥,30%~40%作为穗肥。

④采用机插秧侧深施肥的田块,氮肥用量可减少10%~20%,施用缓释配方肥的田块氮肥用量可减少10%。

(3) 一季籼稻

①基肥推荐施用700~1 100千克/亩腐熟有机肥。

②产量水平500千克/亩以下,氮肥(N)用量5.5~7.5千克/亩(尿素10~12千克/亩),钾肥(K_2O)用量4~8千克/亩(硫酸钾8~15千克/亩)。产量水平500~600千克/亩,氮肥(N)用量7.5~9.5千克/亩(尿素14~16千克/亩);产量水平600~700千克/亩,氮肥(N)用量9.5~11.5千克/亩(尿素16~18千克/亩);产量水平700千克/亩以上,氮肥(N)用量10.5~12.5千克/亩(尿素18~20千克/亩)。磷肥(P_2O_5)用量4~6千克/亩(磷酸二铵9~14千克/亩);产量水平500千克/亩以上,钾肥(K_2O)用量5~7千克/亩(硫酸钾9~13千克/亩)。

③氮肥基肥占40%~50%,蘖肥占20%~30%,穗肥占20%~30%;磷肥全部作基肥;钾肥基肥占50%~60%,穗肥占40%~50%;在缺锌地区,适量施用锌肥(硫酸锌)1千克/亩;适

当基施含硅肥料；有机肥全部基施。

④种植绿肥翻压的田块，氮肥用量可减少20%左右；采用机插秧侧深施肥的田块，氮肥用量可减少10%~20%；施用缓释配方肥的田块，氮肥用量可减少10%。

2. 长江下游单季稻区

包括江苏省全部，浙江省北部。

①基肥推荐施用800~1 200千克/亩腐熟有机肥。

②产量水平500千克/亩以下，氮肥（N）用量6.5~8.5千克/亩（尿素14~20千克/亩），磷肥（P_2O_5）用量2~3千克/亩（磷酸二铵5~7千克/亩），钾肥（K_2O）用量4~6千克/亩（硫酸钾7.5~11千克/亩）；产量水平500~600千克/亩，氮肥（N）用量8.5~10.5千克/亩（尿素18~22千克/亩），磷肥（P_2O_5）用量3~4千克/亩（磷酸二铵7~9千克/亩），钾肥（K_2O）用量7~9千克/亩（硫酸钾13~17千克/亩）；产量水平600千克/亩以上，氮肥（N）用量10.5~16.5千克/亩（尿素22~36千克/亩），磷肥（P_2O_5）用量5~6千克/亩（磷酸二铵11~13千克/亩），钾肥（K_2O）用量10~12千克/亩（硫酸钾19~22千克/亩）。根据水稻品种和土壤肥力条件可以适当提高氮肥和钾肥用量。

③氮肥基肥占40%~50%，蘖肥占20%~30%，穗肥占20%~30%；有机肥与磷肥全部基施；钾肥基肥占50%~60%，穗肥占40%~50%；缺锌土壤每亩施用硫酸锌1~2千克；适当基施含硅肥料。

④推荐N-P-K为20-10-15或相近配方作基肥。

⑤采用机插秧侧深施肥的田块，氮肥用量可减少10%~20%，施用缓释配方肥的田块氮肥用量可减少10%。

⑥施用有机肥或种植绿肥翻压的田块，基肥用量可适当减少。

⑦高产水稻齐穗和灌浆期可以叶面喷施磷酸二氢钾、氨基酸钙

镁肥等促进灌浆、结实。

(三) 玉 米

玉米原产于中美洲和南美洲,全世界热带和温带地区广泛种植,主要分布在纬度30°~50°。栽培面积最多的是美国、中国、巴西、墨西哥、南非、印度和罗马尼亚,我国各地均有栽培,主产区是东北地区、华北地区和西南山区。部分地区施肥建议如下。

1. 东北冷凉春玉米区

包括黑龙江省大部和吉林省东部。

①配方肥推荐N-P-K为14-18-13或相近的配方。

②基肥推荐施用700~800千克/亩腐熟有机肥。

③产量水平500千克/亩以下,施用配方肥14~19千克/亩,七叶期追施尿素9~11千克/亩;产量水平500~600千克/亩,施用配方肥19~24千克/亩,七叶期追施尿素11~13千克/亩;产量水平600~700千克/亩,施用配方肥24~28千克/亩,七叶期追施尿素13~16千克/亩;产量水平700千克/亩以上,施用配方肥28~34千克/亩,七叶期追施尿素16~18千克/亩。

2. 东北半干旱春玉米区

包括吉林省西部、内蒙古自治区东北部、黑龙江省西南部。施肥建议如下。

①配方肥推荐N-P-K为13-20-12或相近的配方。

②基肥推荐施用800~1 200千克/亩腐熟有机肥。

③产量水平450千克/亩以下,施用配方肥15~21千克/亩,大喇叭口期追施尿素8~10千克/亩;产量水平450~600千克/亩,施用配方肥21~29千克/亩,大喇叭口期追施尿素10~14千克/亩;产量水平600~750千克/亩以上,施用配方肥29~34千克/亩,大喇叭口期追施尿素14~16千克/亩;产量水平750千克/亩以上,施用配方肥34~41千克/亩,大喇叭口期追施尿素18~20千克/亩。

3. 华北及黄淮海夏玉米区

包括北京市、天津市、河北省、山西省、山东省、河南省等。

①种肥同播一次性施肥，推荐N-P-K为28-6-9或相近的配方。

②基肥推荐施用800~1 000千克/亩腐熟有机肥。

③产量水平400千克/亩以下，施用配方肥26~36千克/亩，硫酸锌1~2千克/亩；产量水平400~600千克/亩，施用配方肥36~41千克/亩，硫酸锌1~2千克/亩；产量水平600~800千克/亩，施用配方肥41~46千克/亩，硫酸锌1~2千克/亩；产量水平800千克/亩以上，施用配方肥46~56千克/亩，硫酸锌1~2千克/亩。

（四）大　豆

大豆原产于中国，在中国各地均有栽培，并且广泛栽培于世界各地。大豆是我国重要的粮食作物之一，已有约5 000年栽培历史，主产区为黄淮海地区和东北地区，包括北京市、天津市、山东省、河北省、河南省、江苏省、安徽省、辽宁省、吉林省、黑龙江省、内蒙古自治区等。施肥建议如下。

①配方肥推荐N-P-K为15-15-15或相近的配方。

②基肥推荐施用600~900千克/亩腐熟有机肥。

③产量水平160~210千克/亩，施用氮肥（N）2~3千克/亩（尿素4~6千克/亩）、磷肥（P_2O_5）3~4.5千克/亩（磷酸二铵6~10千克/亩）、钾肥（K_2O）2.5~3.5千克/亩（硫酸钾4.5~6.5千克/亩）；产量水平210~260千克/亩，施用氮肥（N）2.5~3.5千克/亩（尿素5~7千克/亩）、磷肥（P_2O_5）4~5.5千克/亩（磷酸二铵9~12千克/亩）、钾肥（K_2O）3~4.5千克/亩（硫酸钾5.5~8.5千克/亩）；产量水平260千克/亩以上，施用氮肥（N）3~4千克/亩（尿素6~8千克/亩）、磷肥（P_2O_5）5.5~7.5千克/亩（磷酸二铵12~16千克/亩）、钾肥（K_2O）4~5.5千克/亩（硫酸钾7.5~10.5千克/亩）。

④根据大豆长势，可在开花期、结荚期或鼓粒期追施氮肥；

不追肥田块基肥中40%以上的氮肥选用缓控释型。后期大豆脱肥可结合防病喷施0.5%~2%尿素溶液1~2次。土壤肥力较高，基肥、种肥充足，大豆生长健壮的地块，可以不用追肥，但应防止徒长倒伏。

⑤根据大豆长势，在初花期或结荚期喷施1~2次0.01%~0.05%钼酸盐溶液30~40千克/亩；在大豆鼓粒初期，可喷施0.2%~0.5%尿素溶液或0.2%~0.3%磷酸二氢钾溶液30~40千克/亩，也可在花荚期喷施1~2次0.1%的硼、锰、铜、锌等中微量元素溶液30~40千克/亩。

⑥推荐采用侧深施肥技术，施肥位置在种子侧方6~8厘米，种子下方5~8厘米；也可采用分层施肥，肥料在种子下方3~4厘米占1/3，6~8厘米占2/3。

二、蔬菜类作物施肥方法

（一）花菜和叶菜施肥方法

花菜是指以植物开放的花序或花器官为食用部分的蔬菜；叶菜是指以植物叶片和叶柄作为食用部位的蔬菜。常见的花菜和叶菜有花椰菜、芹菜、菠菜、茼蒿、大白菜、结球甘蓝、叶用莴苣（生菜）等。花菜和叶菜的基肥一般在整地前施入土壤中，追肥根据作物生长需要，在生长季节分几次施用。

1. 花椰菜

花椰菜是以花球为产品的十字花科甘蓝类蔬菜，花椰菜需肥量大，必须选择肥沃疏松、富含有机质、保肥保水性能好的壤土或黏质壤土，还须施足基肥。基肥一般每亩施入充分腐熟的堆肥3 000千克、尿素10千克、过磷酸钙50千克、硫酸钾15千克，混合后使用，同时加入0.5~1.0千克硼砂和钼酸铵0.25千克，肥料施好后再深翻30厘米,耧平耙细后作畦,等待栽植。

在移栽时要施一定量栽苗肥,一般每亩施磷酸二铵5千克左右,将肥料放入栽植穴,与土混拌一下再栽苗,封好苗眼。一般追肥可分3次,同时结合叶面喷肥。第一次在形成包心前(莲座期),每亩施尿素10千克、硫酸钾5千克,在植株一侧距植株主根10厘米处开浅沟施入,盖严土浇水;第二次在刚形成花球时(花球初期),每亩施尿素15千克、硫酸钾8千克,在植株一侧距植株主根10~15厘米处开深10~15厘米的沟施入,盖严土浇水;第三次在花球生长中期,每亩追施尿素10千克、硫酸钾6千克,在植株一侧距植株主根10~15厘米处打眼施入,盖严土浇水。花椰菜叶面喷肥主要在生长中后期,花球期叶面喷施0.2%磷酸二氢钾1~2次,也可喷施1 500~2 000倍液喷施宝有机水溶肥;在花球形成初期和中期喷施0.1%~0.2%硼砂1~2次;在莲座期和花球初期喷施0.2%~0.4%硫酸镁溶液1次;在花球形成期喷施0.01%钼酸铵溶液1次。

2. 芹　菜

芹菜可在春秋两季进行露地栽培,秋冬和早春可进行保护地栽培。芹菜需肥量大,定植前要施足基肥,定植前半个月整地作畦,每亩施腐熟堆肥3 000千克,耙细耧平,畦宽1米。当植株高30厘米时,补充肥水。一般每亩施尿素15千克,追肥后立即灌水。后保持土壤湿润,每隔3~5天浇一次水,2次后改为每隔2天浇一次水,至采收前10天停水,始终保持畦面湿润。也可于生长旺盛时,适当再追1~2次尿素,每次10~12千克/亩。

3. 菠　菜

菠菜一般选用肥力好的田块,一般每亩施腐熟堆肥2 000~3 000千克、磷酸二铵20~25千克、硫酸钾10~15千克。第一次追肥:在越冬之前,菠菜幼苗高10厘米左右时,每亩追施尿素10~

15千克、过磷酸钙10~15千克作越冬肥。第二次追肥：春节过后，幼苗开始生长，每亩施尿素20~25千克、硫酸钾15~20千克。第三次追肥：在第二次追肥后10~15天进行，每亩施尿素15~20千克。

4. 茼 蒿

茼蒿属浅根性蔬菜，要求充足的水分供应，对土壤要求不甚严格。但肥沃的壤土，pH值5.5~6.8时更适合茼蒿生长。茼蒿生长期较短，茼蒿播种时，选择土层深厚，土质肥沃的耕地，施肥以基肥为主，每亩施腐熟堆肥1 000~2 000千克、过磷酸钙约50千克、尿素约20千克、硫酸钾8~10千克，深翻耙细耧平。自第二次浇水开始追肥，前2~3次施肥量要少，每亩追施尿素和硫酸钾各5千克，其后每次随浇水追施尿素和硫酸钾各10千克/亩左右。施肥5~6次。

5. 大白菜

种植大白菜要求选择土层深厚、疏松、肥沃，附近有水源且排灌方便，前茬为瓜类、豆类作物的砂壤土或轻黏壤土栽培。移栽前，每亩施用腐熟堆肥2 000~3 000千克，同时施用尿素10~12千克、过磷酸钙20~23千克、硫酸钾7~9千克。1/3肥料撒在地表，整平土地后在播种前2~3天施加。在莲座期、结球期追肥，每次每亩施用尿素16~21千克、过磷酸钙14~19千克、硫酸钾7~10千克。

6. 结球甘蓝

种植结球甘蓝选土壤肥沃、排灌方便、不重茬的地块。大田翻耙前2~3天，中等肥力地块，每亩撒施腐熟堆肥3 000千克、配方肥（N-P-K为15-15-15）50千克、硼砂1千克，翻耙1~2次，整成所需的畦待栽。幼苗移栽成活后，每亩沟施或穴施兑水腐熟堆肥500~600千克或配方肥（N-P-K为15-15-15）8~10千克。莲座期，每亩沟施或穴施配方肥（N-P-K为15-15-15）12~15千克。结球期，为提高产量和品质，使结球更紧实，每亩沟施或穴施配方肥（N-P-K为15-15-15）20~25千克。结球初期或中期，叶面喷洒1~2次0.2%~0.3%磷酸二氢钾溶液，每亩每次喷60千克，每次间隔12~15天，既能提高抗寒冻和高温干旱等的能力，又能提高产量和品质。结球甘蓝生长期缺硼时，在莲座期喷洒1~2次0.1%~0.2%硼砂溶液，每亩每次喷50千克，每次间隔12~15天；生长期缺钙时，在莲座期喷洒1~2次0.3%~0.4%氧化钙或硝酸钙溶液，每亩每次喷50~60千克，每次间隔12~15天。

7. 生 菜

生菜学名叶用莴苣，根系浅，须根发达，根群主要分布在地表20~30厘米的土层中。以大棚早春茬栽培为例，定植前深翻土壤25厘米以上，每亩施入腐熟堆肥2 500千克、过磷酸钙40~50千克、氯化钾15~20千克。肥土混匀耙平后，按40~50厘米间距起垄，垄高12~15厘米，用地膜覆盖栽培。定植后7~10天，即缓苗后每亩随水追施硫酸铵10~15千克；早熟品种在定植后15~20天，中熟品种在定植后20~25天，再每亩随水追施硫酸铵20~25千克、氯化钾10~15千克。不可以在畦面撒施碳酸氢铵、尿素等，以防氨气积累，造成氨害。

（二）根菜施肥方法

根菜包括的种类较广，有十字花科的萝卜、根用芥菜（大头菜）、芜菁甘蓝、芜菁、辣根，伞形花科的胡萝卜等。根菜为深根性植物，根部为吸收养分和水分的主要器官，根部的发育及其在土壤中的分布，对营养及水分的吸收影响很大。这类蔬菜多是夏秋播种，在较高温度条件下生长，然后在较低温度条件下直根膨大，播种当年获得肉质直根。通过春化和光照阶段后，第二年春夏抽薹、开花结果。其生长发育经过营养生长和生殖生长两个阶段。

1. 萝 卜

萝卜根系发达，需要施足基肥，一般基肥用量占总施肥量的

70%。一般每亩施腐熟堆肥2 500~3 000千克、复合肥（N-P-K为15-15-15）50千克、草木灰50千克、过磷酸钙25~30千克。萝卜追施氮肥用粪肥和化肥配合，一般在定苗后结合浇水追肥，每亩施尿素10~15千克，切忌浓度过大或靠根部太近，以免烧根。一般应在浇水时兑水冲施。第二次追肥，在肉质根膨大盛期进行，每亩施复合肥15~20千克，于距萝卜10厘米处穴施或开沟施入。

2. 胡萝卜

胡萝卜营养生长期可分为苗期、叶丛生长期和肉质根生长期，其中肉质根生长期是需肥量最大的时期。胡萝卜要选择土层深厚肥沃、排灌方便、土质疏松的砂壤土或壤土。每亩撒施腐熟堆肥3 500千克、过磷酸钙100千克作基肥，春季结合耙耱起垄，每亩施用磷酸二铵15~20千克、配方肥（N-P-K为15-15-15）50~75千克。胡萝卜肉质根进入膨大期，每亩施用尿素2~3千克、过磷酸钙2~3千克、硫酸钾4~6千克。

（三）瓜类施肥方法

1. 施肥原则

瓜类的种植季节主要分为秋冬茬、越冬茬、冬春茬和夏秋茬，针对其生产中通常存在的过量灌溉与施肥、施肥比例不合理、土壤生物活性降低、连作障碍等问题，提出以下施肥原则。

①合理施用有机肥，提倡施用优质有机堆肥（推荐施用植物源有机堆肥），老菜棚注意施用高碳氮比外源秸秆或有机肥，少施禽粪肥。

②根据作物产量、茬口及土壤肥力条件，综合考虑有机肥施用量、土壤养分供应，适当调整氮磷钾化肥用量。

③推荐采用水肥一体化技术，遵循"少量多次"灌溉施肥原则。

④根据不同生育期养分需求，氮肥和钾肥主要作追肥，少量多

次施用，避免追施磷含量高的复合肥，苗期不宜频繁追肥，重视结瓜期追肥。

⑤土壤酸化严重时应适量施用石灰等土壤调理剂。

2. 施肥建议

（1）黄　瓜

基肥施用经充分腐熟的堆肥2 000~3 000千克/亩。

产量水平14 000~16 000千克/亩，施用氮肥（N）32~36千克/亩（尿素58~68千克/亩），磷肥（P_2O_5）12~14千克/亩（磷酸二铵26~34千克/亩），钾肥（K_2O）35~40千克/亩（硫酸钾65~74千克/亩）；产量水平11 000~14 000千克/亩，施用氮肥（N）27~32千克/亩（尿素48~61千克/亩），磷肥（P_2O_5）10~12千克/亩（磷酸二铵22~26千克/亩），钾肥（K_2O）30~35千克/亩（硫酸钾56~65千克/亩）；产量水平7 000~11 000千克/亩，施用氮肥（N）22~27千克/亩（尿素38~51千克/亩），磷肥（P_2O_5）9~11千克/亩（磷酸二铵20~24千克/亩），钾肥（K_2O）25~30千克/亩（硫酸钾46~56千克/亩）；产量水平4 000~7 000千克/亩，施用氮肥（N）17~22千克/亩（尿素29~42千克/亩），磷肥（P_2O_5）7~9千克/亩（磷酸二铵15~20千克/亩），钾肥（K_2O）20~25千克/亩（硫酸钾27~46千克/亩）。

全部有机肥作基肥施用，60%以上的磷肥、20%~30%的氮钾肥作基肥施用，施肥方式为条（穴）施。其余氮钾肥在初花期和结瓜期按养分需求分6~8次追施，其余磷肥随氮钾肥追施，每次追施氮肥用量不超过5千克/亩。秋冬茬和冬春茬氮钾肥在初花期和结瓜期分6~7次追肥，越冬茬氮钾肥在初花期和结瓜期分8~11次追肥。

雨水充沛的区域，提倡施用含脲酶抑制剂、硝化抑制剂的氮肥。在低温、寡照等极端环境下，可施用含氨基酸等功能性物质的肥料。如果采用滴灌施肥技术，可减少20%左右的化肥施用量，采取少量多次原则，灌溉施肥15次左右。

（2）西　瓜

基肥施用经充分腐熟的农家肥2 000～3 000千克/亩。

产量水平4 500～6 000千克/亩，施用氮肥（N）12～15千克/亩（尿素19～28千克/亩），磷肥（P_2O_5）6～8千克/亩（磷酸二铵13～17千克/亩），钾肥（K_2O）11～14千克/亩（硫酸钾20～26千克/亩）；产量水平3 000～4 500千克/亩，施用氮肥（N）9～12千克/亩（尿素14～23千克/亩），磷肥（P_2O_5）4～6千克/亩（磷酸二铵9～13千克/亩），钾肥（K_2O）8～11千克/亩（硫酸钾15～20千克/亩）；产量水平低于3 000千克/亩，施用氮肥（N）6～9千克/亩（尿素10～17千克/亩），磷肥（P_2O_5）3～4千克/亩（磷酸二铵7～9千克/亩），钾肥（K_2O）6～8千克/亩（硫酸钾11～15千克/亩）。

在土壤肥力水平较低的地块，化肥氮磷钾用量适当上调10%～20%；在土壤肥力水平较高的地块，化肥氮磷钾用量适当下调10%～20%。

氮钾肥20%～30%作基施，20%～30%在伸蔓期追施，40%～60%分两次在果实膨大期追施，膨果期重视钾肥施用。磷肥40%～50%作基肥条施，其余追肥。在酸性土壤及质地较粗的砂质土壤基施生石灰80～100千克/亩，或施镁肥（MgO）2～3千克/亩。

根据土壤养分特征和作物养分需求情况，基肥推荐N-P-K为21-12-12或相近的配方；伸蔓坐瓜期推荐N-P-K为20-5-20或相近的配方，果实膨大期推荐N-P-K为15-5-25或相近配方的低磷高钾配方肥，在雨水充沛的区域推荐施用含脲酶抑制剂、硝化抑制剂的氮肥。在低温、寡照等极端环境下，可添加功能性物质（如氨基酸、黄腐酸、海藻酸等），促根的同时增强作物的抗逆性。采用滴灌施肥时，伸蔓坐瓜期宜选用N-P-K为21-6-23或相近配方的高氮高钾型水溶肥；膨果期宜选用N-P-K为16-6-30或相近配方的低磷高钾型水溶肥。

（四）食用菌施肥方法

1. 施肥原则

食用菌生长所需养分主要为碳源、氮源、矿物质和生长素等。在食用菌生产活动中，需要有合理的碳氮比。一般来说，营养生长阶段碳氮比以20∶1为好，生殖生长阶段则要提高到（30~40）∶1为佳，但不同的食用菌生长最适碳氮比有一定差别。

碳源　食用菌生长发育所需的碳是有机碳，其中葡萄糖、蔗糖、有机酸等小分子有机碳，可直接被细胞利用。纤维素、半纤维素、木质素等高分子有机碳，须经过胞外酶水解成简单物质后，才能被吸收利用。

氮源　可供食用菌生长发育吸收利用的氮源是有机氮，豆饼、麸皮、米糠、玉米粉、尿素等是有机氮的主要来源，经胞外酶水解成氨基酸后，可被菌丝吸收利用。

矿物质　矿物质是食用菌生命活动不可缺少的物质，所需的矿物质元素主要有磷、钾、钙、硫、镁，以及微量元素铁、铜、锰、锌、硼、钼、钴等，这些物质均存在于农作物秸秆、木屑中。在生产中，还应添加少量的石膏、过磷酸钙、碳酸钙等辅料，以弥补主料中矿物质的不足。

生长素　食用菌生长发育需要足量的生长素，如硫胺素、生物素、吡哆醇和核酸等，这些生长素缺少时，促进食用菌生长的各种酶就会失去活性，导致生命活动停止。在培养料中加入生长素，可提高菌丝活力，增加产量。

2. 施肥方法

培养料施肥　常用的食用菌栽培料有棉籽壳、木屑、作物秸秆等。有的栽培料吃水量很低，营养缺乏，如不另外添加营养则很难提高产量。培养料中施肥应以有机肥为主，化肥的使用量可相对少一些。有机肥的营养全面，能为食用菌菌丝的生长提供全方位的营养。特别在出菇后期，这一点表现得尤为突出。化肥的成分容易被菌丝吸收利用，可与有机肥配合施用。食用菌经常施用的有机肥有畜禽粪、豆饼、棉饼、玉米面、麸皮、米糠等。根据原料含氮量的高低，可加入10%~30%不等。化肥一般有磷酸二氢钾、硫酸镁、尿素、复合肥、食用菌专用肥等，加入量一般为0.1%~0.5%，不能加入太多，否则会导致菌丝生长不良。

菌床施肥　食用菌子实体的生长过程，就是营养物质的运转过程，因此在出菇期间须供给充足的养分，并要求营养平衡。若养分供应不足或营养比例失调，就容易出现长脚菇、薄皮菇、硬皮开伞等衰败现象，明显影响产量和质量，因此，应及时适当补充碳素、氮素营养。

喷施　食用菌肥料大多是配制成一定浓度的肥液，一般结合喷水在苗床上喷洒，喷施的时间最好是在菇床落潮后，一般在二潮、三潮菇采收后开始。

灌注　将菇床床面覆土扒开，把漏斗插进培养料内，即可灌入肥液，然后盖上覆土。春菇出菇前，若床面严重缺肥，培养料又比较干燥，可在床面开沟，沟距30~50厘米，灌入肥液，并加大通风量，隔3~4天灌一次。

浸泡　袋料栽培的菌棒可采用浸泡法，菌棒从肥液中取出后，应及时用清水冲洗残留在菌棒上的肥液，以防滋生杂菌。

3. 施肥建议

①液肥要交替使用。食用菌施肥最好是几种肥液交替使用。以葡萄糖液为例，作为碳素养料，不含氮素营养，长期仅施用该种肥料难有预期效果。菌床应先施肥料，以补足前一次菌菇生长所消耗

的养分，以利于菌丝恢复生长；然后再施高效复合营养剂，以利于子实体生长。植物生长调节剂要在补充营养剂之后使用，或营养剂与植物生长调节剂混合使用。

②肥液用量要适当，切勿一次施肥过多。若培养料含水量高，应适当提高肥液浓度，并在施肥后增加通风量。在常用肥液中，有机肥料的浓度通常为1%~2%，糖类的浓度以0.1%~0.3%为宜，尿素的浓度应掌握在0.1%~0.3%；磷、钾、镁等无机盐的浓度宜为0.05%~0.1%；锌、锰、硼、钼等微量元素的浓度宜为0.02%~0.05%；生长素的浓度因种类而不同，一般为0.5~5毫克/千克。浓度过高会影响菌丝体对养分的吸收，还会妨碍菌丝的正常生长。

③植物浸出液、豆浆汁类肥液要随配随用。所用的堆粪、粪尿，要经过发酵、腐熟或烧煮消毒。菌床若有杂菌，要先防治后施肥。在气温高于20℃时，菌床难以形成子实体，应停止追肥。葡萄糖、豆浆汁、粪尿等肥液，均不得在气温高于18℃时使用，以免滋生杂菌。

(五) 葱蒜类蔬菜施肥方法

葱蒜类蔬菜包括洋葱、韭菜、大葱、大蒜、生姜、香葱、蒜薹等，葱蒜类植物耐肥力强。就其生育式而言，可以分为两种类型：一类以大蒜、洋葱为代表，它们在生育过程中先形成同化器官，然后形成产品器官。一类以韭菜为代表，它们的同化器官本身就是产品器官，如韭菜、红葱、蒜薹等。以上两类的共同特点：根系为弦状根，几乎没有根毛，入土浅，根群小，吸肥力弱，需肥量大，是蔬菜中的喜肥和耐肥作物。因此，在肥料施用上也有别于其他种类的蔬菜。

葱蒜类蔬菜根系浅，为草质不定根，吸肥力弱，但对养分需求量较高，适宜在富含有机质、疏松透气、保水保肥性能好的土地种植。对养分的需求一般以氮为主，其次是钾，需磷相对较少。为获得高产必须大量增施有机肥，施足基肥并增加追肥次数。这类蔬菜对养分的需求量以大蒜最高，其次是大葱、洋葱、韭菜。以大蒜和大葱为例，其施肥方法如下。

1. 大蒜

大蒜以收获地下茎为主要产品，属二年生草本植物，弦状须根，主要分布在5~25厘米的土层内，属于浅根系植物，根系不发达，吸肥能力弱，对水肥反应敏感，因此，大蒜的施肥量较一般作物多。大蒜对基肥质量要求较高，一般亩施腐熟堆肥2 500千克、过磷酸钙50千克、硫酸钾30千克、尿素20千克。大蒜追肥一般3~4次，播种后60~80天，每亩施腐熟堆肥500千克、尿素5千克、硫酸钾或氯化钾5千克，做到早熟品种早追，中晚熟品种迟追，促进幼苗长势旺，茎叶粗壮，到烂母时少黄尖或不黄尖。在花茎伸长期，旧根衰老，新根大量发生，同时，茎叶和蒜薹迅速伸长，蒜头也开始缓慢膨大，因而需养分多，应重施复合肥（N-P-K为15-15-15）10~15千克/亩。蒜头膨大期相应较长，为促进蒜头肥大，须于蒜薹采收前追施速效氮钾肥，施复合肥5~10千克/亩，不能追施过多，否则会引起已形成的蒜瓣幼芽返青又重新长叶而消耗蒜瓣的养分。

2. 大葱

大葱的根为弦状须根，无主根、侧根之分，着生在极短缩的茎盘下并随着茎的伸长而陆续发出新根，根毛较少，分枝性弱，吸收养分能力差。大葱适应性广，各地土壤均可种植，但以土层深厚、排水良好、富含有机质的土壤最好。

大葱的基肥以腐熟有机肥为主，每亩施腐熟堆肥2 000~3 000千克、过磷酸钙30~40千克、硫酸钾20千克。在苗期，结合间苗浇水追肥2~3次，每次每亩追施尿素7.5千克左右，前期也可以灌少量腐熟的稀粪尿等，以满足幼苗旺盛生长所需。在白露至秋分,追施"攻叶肥",每亩施尿素20~25千克,追肥要与浇水相结合,浇水后追施氮肥。葱白生长期追肥以速效性氮肥为主,一般以尿素为宜,每亩施20千克左右为宜,增施硫酸钾15千克。生长后期追肥要以磷钾肥为主,以增长根茎、膨大根茎为原则。

3. 注意事项

大蒜忌连作,也不宜与韭菜、洋葱等葱蒜类作物重茬种植。重茬地种植的大蒜出苗率低,容易缺乏营养,产量低,商品性差。

为了满足葱蒜类蔬菜的生长需求并保证营养积累,施肥应遵循"三结合"原则,即速效肥与缓效肥相结合、大量元素肥料与微量元素肥料相结合、有机肥与无机肥相结合。

选择晴天下午,先进行一遍划锄,施加对应的有机肥,混合均匀。撒匀后,用爬犁工具将肥料用土壤覆盖,尽量不要将有机肥暴露在地表。然后,顺垄浇大水一次,并在整畦叶面喷施辛硫磷敌百虫或菊酯类药剂,严防苍蝇下卵,隔5~7天再浇第二次水。

(六) 豆荚类蔬菜施肥方法

豆荚类作物包括菜豆、豇豆、扁豆、豌豆和蚕豆等,豆类蔬菜有根瘤,能固定空气中的氮素。对氮要求低,但对磷、钾要求高,钙、镁对豆荚的发育有很大的影响。豆类蔬菜分蔓生种、半蔓生种和矮生种,不同种类需肥量差异很大,一般蔓生种比矮生种需肥量大,但趋势大致相同。蔓生豆荚类蔬菜采收期长,需要边采收边施肥。

一般根据土壤肥力状况,每亩施优质腐熟有机肥2 000~2 500千克、豆类蔬菜专用肥25~35千克。应注意不要用未腐熟的有机肥作基肥,否则会导致烂种,影响产量和质量。

1. 菜豆类

菜豆又名四季豆,是一种常见的豆类蔬菜。在移栽定植前,要先整地,种植地块必须多施肥,否则就会因为土壤营养不良,引起落花、落果，导致菜豆减产。种植地块必须多施积肥，对于中等肥力的地块，每亩可施充分腐熟的有机肥1 500~2 500千克、过磷酸钙15~20千克。施肥后进行深翻，这样可以促进根的发育，翻土深度要在25厘米以上，耙细整平后南北向做成1.1米宽的畦，畦做好后扣膜闷棚3~4天。定植时要求地温稳定在10℃以上，夜间最低气温稳定在8℃以上。

育苗肥 菜豆的种植以直播为主。随着保护地菜豆栽培技术的发展，育苗移栽的方法逐渐普及。育苗所用的营养土要选择2~3年内没有种过菜豆的菜园土，用4份菜园土与4份腐熟的马粪和2份腐熟的鸡粪混合制成，在每100千克营养土中再掺入2~3千克过磷酸钙和0.5~1.0千克硫酸钾。土壤应以中性或弱酸性为宜，土壤过酸会抑制根瘤菌的活动。酸性土壤可酌量施用石灰进行中和，施石灰时要与床土拌匀，用量不能太多，用量多或混合不均匀容易引起烧苗和氨的挥发，造成气体危害。

基肥 菜豆是豆类中喜肥的作物，虽然有根瘤，但固氮作用很弱。在根瘤菌未发育的苗期，利用基肥中的速效性养分来促进植株生长发育很有必要。一般每亩用腐熟堆肥2 000千克、过磷酸钙20~35千克、草木灰100千克。矮生菜豆的基肥量可以适当减少。菜豆根系对土壤氧气的要求较高，施用未腐熟鸡粪或其他有机肥，会导致土壤还原性气体增加，氧气减少，引起烂种和根系过早老化，对产量的影响很大。所以施基肥要注意选择完全腐熟的有机肥，同时，不宜用过多的氮素肥料作种肥。

追肥 在播种后20~25天，在菜豆开始分化花芽时，如果没有施足基肥，菜豆会表现出缺肥症状，应及时进行追肥，每亩追施20%~30%的沼液约1 500千克，也可在每1 000千克稀粪中加入硫酸钾45千克。及早进行追肥增产效果明显，但苗期施过多氮肥，会使菜豆徒长，因此，是否追肥应根据植株长势而定。菜豆在开花结荚期需肥量较多，蔓生品种结荚期的营养主要来自根部吸收，有一部分是从茎叶中转运而来，而且开花结荚期较长；矮生品种菜豆结荚期的营养来自茎叶转运的高于根部吸收的，因此，蔓生品种较矮生品种需肥量大，施肥的次数也要相应增加。一般矮生菜豆追肥1~2次，蔓生菜豆追施2~3次。每次追施尿素7~11千克、硫酸钾10~15千克，最后一次追肥氮肥的用量减半，钾肥用量也可减半或不施。

2. 豌豆类

豌豆是长日照植物，喜冷冻湿润气候，耐寒，不耐热，幼苗能耐5℃低温，生长期适温12~16℃，结荚期适温15~20℃，超过25℃受粉率低、结荚少、产量低。多数品种的生育期在北方表现比南方短。南方品种北移会提早开花结荚，这是由于北方春播缩短了其原在南方越冬的幼苗期，故在北方，豌豆的生育期，早熟种为65~75天，中熟种为75~100天，晚熟种为100~185天。

基肥　豌豆主根发育早而迅速，播种后6天幼苗尚未出土前，主根便伸长6~8厘米；播后10天幼苗刚出土时，已有10多条粗的根系；20天刚展开两个复叶时，主根可长达16厘米左右。豌豆生长期间也需要氮肥。在生长初期追施氮肥，可促进植株分枝，增加花数，提高结荚率。所以，基肥要特别强调早施。北方春播宜在秋耕时施基肥，南方秋播也应在播前整地时施基肥，以保证苗全和苗壮。一般亩施腐熟堆肥1 500~2 500千克、过磷酸钙25~30千克、尿素10千克、氯化钾15~20千克。

追肥　根据豌豆的长势，可在开花始期进行第一次追肥，一般施尿素5千克、氯化钾5千克，结合浇水第二次追肥可在坐荚后进行，每亩追尿素7.5千克、氯化钾7.5千克。

3. 注意事项

菜豆苗期需要速效养分，所以基肥要施用腐熟的有机肥、少量氮肥以及磷肥、钾肥，将肥料翻入土中，然后起垄。矮生品种基肥数量约为蔓生的80%。但是，需要注意的是，在基肥中加入过多的氮肥，会造成植株茎叶组织幼嫩和徒长。地膜栽培由于不便追肥，基肥用量要比露地栽培适当增加。

豌豆根系深，稍耐旱而不耐湿，播种或幼苗排水不良易烂根，花期干旱受精不良，容易形成空荚或秕荚。由于豌豆根系分泌物会影响翌年根瘤菌的活动和根系生长，所以豌豆忌连作。

三、果树施肥方法

（一）柑　橘

1. 长江上中游柑橘带

主要包含重庆市、四川省及湖北省。

（1）施肥原则

①增施有机肥料，坚持有机肥料与无机肥料配合施用；秋冬未施用有机肥的柑橘园注意春季补施。提倡行间种植绿肥，春季翻压或覆盖还田。

②该区域果园土壤以紫色土为主，部分土壤偏碱性，应针对性施用锌、铁、锰、硼；老龄果园补施钙、镁。

③根据柑橘长势与产量水平、果园土壤肥力状况，优化氮磷钾肥用量、配比和施肥时期，适当调减化肥用量。

④肥水管理与绿色高产优质栽培结合，春季施肥前注意果树的整形修剪；前期发生冻害的柑橘园要及时修剪枯枝，温度回升后尽早施用有机肥等，促进根系生长和树势恢复；有条件的果园提倡水肥一体化技术。

（2）施肥建议

产量水平1 000千克/亩以下，施用氮肥（N）7~10千克/

亩、磷肥（P_2O_5）3~5千克/亩、钾肥（K_2O）6~8千克/亩；产量水平1 000~2 000千克/亩，施用氮肥（N）10~15千克/亩、磷肥（P_2O_5）5~7千克/亩、钾肥（K_2O）8~12千克/亩；产量水平2 000~3 000千克/亩，施用氮肥（N）15~20千克/亩、磷肥（P_2O_5）7~9千克/亩、钾肥（K_2O）12~16千克/亩；产量水平3 000千克/亩以上，施用氮肥（N）20~25千克/亩、磷肥（P_2O_5）9~12千克/亩、钾肥（K_2O）16~20千克/亩。

（3）施肥时期及用量

肥料分春、夏、秋3次施用，施肥方式为条施或穴施。

春季施肥 缺锌、铁、硼的柑橘园，在春季萌芽前每亩施用硫酸锌1~1.5千克、硼砂0.5~1.0千克。施肥方法采用条沟施，在柑橘树冠滴水线附近挖长、宽、深分别为60~80厘米、40~50厘米、15~25厘米的施肥沟，将每株的有机肥、复合肥和中微量元素与土壤混匀后回填于施肥沟；能实施机械化操作的果园，在行间柑橘树冠滴水线附近采用开沟施肥覆土一体机一次完成。施肥时间为2月中旬至3月下旬（根据品种和当地气候确定，最好在春梢萌动或现蕾前7~10天施用）。锌、铁或硼严重缺乏的果园，在开花初期到坐果期喷施锌肥、铁肥或硼肥2~3次。

夏季施肥 选用高钾型配方肥（N-P-K为18-5-22或相近配方）。产量水平1 000千克/亩以下，配方肥用量16~22千克/亩；产量水平1 000~2 000千克/亩，配方肥用量22~35千克/亩；产量水平2 000~3 000千克/亩，配方肥用量35~45千克/亩；产量水平3 000千克/亩以上，配方肥用量45~55千克/亩。施肥方法采用条沟施、穴施或兑水浇施，施肥深度10~20厘米。施肥时间为6—8月果实膨大期一次或分次施用。缺镁果园在幼果期每亩施用硫酸镁20~30千克；缺钙果园在幼果期喷0.3%的硝酸钙2~3次。

秋季施肥 秋基肥采用有机肥与化肥配合施用，施用腐熟堆肥1 000～2 000千克/亩，树势弱或肥力低的果园适当增加用肥量，在此基础上根据柑橘产量水平配施化肥，选用平衡型或高氮中磷高钾型配方肥（N-P-K为16-10-16或相近配方）。产量水平1 000千克/亩以下，配方肥用量12～18千克/亩；产量水平1 000～2 000千克/亩，配方肥用量18～25千克/亩；产量水平2 000～3 000千克/亩，配方肥用量25～33千克/亩；产量水平3 000千克/亩以上，配方肥用量33～42千克/亩。老龄果园或土壤酸化果园增施硅钙镁肥或钙镁磷肥30～50千克/亩，缺乏锌、铁、硼的柑橘园可施用硫酸锌1.0～1.5千克/亩、螯合铁0.5～1.0千克/亩、硼砂0.5～1.0千克/亩。可采用放射状沟施肥，即沿树干向外，避开骨干根挖数条放射状沟施肥；也可采用条沟施肥，即对成行树和矮密果园，沿行间的树冠外围挖沟施肥，沟宽30厘米、深40厘米左右，每年交换位置。施肥时间为9—11月，根据品种和气候条件确定，晚熟品种最好在9月下旬到10月上旬施用，其他品种在采果前后施用。根据秋梢生长情况，10月前后适时喷施叶面肥（0.4%磷酸二氢钾+0.1%硼砂等）1～2次，促进果实膨大转色和秋梢老熟。

2. 赣南—湘南—桂北柑橘带

主要包括江西省、湖南省、广西壮族自治区、云南省及贵州省。

（1）施肥原则

①果园以红壤为主，适量施用石灰、钙镁磷肥、硅钙肥等碱性肥料调理酸性土壤。

②增施有机肥料，坚持有机肥料与无机肥料配合施用；提倡行间种植绿肥，春季翻压或覆盖还田。

③根据柑橘长势及产量水平、果园土壤肥力状况，优化氮磷钾肥用量、配比和施肥时期，适当调减化肥用量。

④中微量元素采用"因缺补缺"的施肥策略，对酸性土壤注意

补充镁、钙、硼等中微量元素。

⑤肥水管理与绿色高产优质栽培结合，春季施肥前注意果树的整形修剪；受冻害的柑橘园要及时修剪枯枝，温度回升后尽早施用优质有机肥等，促进根系生长和树势恢复；有条件的果园提倡应用水肥一体化技术。

（2）施肥建议

产量水平1 000千克/亩以下，施用氮肥（N）6~9千克/亩、磷肥（P_2O_5）3~4千克/亩、钾肥（K_2O）5~8千克/亩；产量水平1 000~2 000千克/亩，施用氮肥（N）9~14千克/亩、磷肥（P_2O_5）4~6千克/亩、钾肥（K_2O）8~12千克/亩；产量水平2 000~3 000千克/亩，施用氮肥（N）14~19千克/亩、磷肥（P_2O_5）6~8千克/亩、钾肥（K_2O）12~16千克/亩；产量水平3 000千克/亩以上，施用氮肥（N）19~25千克/亩、磷肥（P_2O_5）8~10千克/亩、钾肥（K_2O）16~21千克/亩。

（3）施肥时期及用量

肥料分春、夏、秋3次施用，施肥方式为条施或穴施。

春季施肥 选用高氮中磷中钾型（N-P-K为22-11-12或相近配方）配方肥。产量水平1 000千克/亩以下，配方肥用量10~15千克/亩；产量水平1 000~2 000千克/亩，配方肥用量15~25千克/亩；产量水平2 000~3 000千克/亩，配方肥用量25~35千克/亩；产量水平3 000千克/亩以上，配方肥用量35~45千克/亩。秋季有机肥施用不足的果园，应在春季每亩施用优质有机肥200~400千克、配施钙镁磷肥15~30千克。施肥方法采用条沟施，在柑橘树冠滴水线附近挖长、宽、深分别为60~80厘米、40~50厘米、15~25厘米的施肥沟，将每株的有机肥、复合肥和中微量元素与土壤混匀后回填于施肥沟；能实施机械化操作的果园，在行间柑橘树冠滴水线附近采用开沟施肥覆土机一次完成。施用时间：早中熟品种2月至3月上旬施用

（根据品种和当地气候确定，最好在春梢萌动或现蕾前7~10天施用）；3—4月收获的晚熟品种，在3月底之前施用，越早越好，如采收前施肥操作困难，采收后马上施春肥。硼、锌缺乏的果园补充硼肥和锌肥。

夏季施肥　选用高氮高钾型（N-P-K为18-5-22或相近配方）配方肥。产量水平1 000千克/亩以下，配方肥用量15~20千克/亩；产量水平1 000~2 000千克/亩，配方肥用量20~30千克/亩；产量水平2 000~3 000千克/亩，配方肥用量30~45千克/亩；产量水平3 000千克/亩以上，配方肥用量45~55千克/亩。施肥方法采用条沟施、穴施或兑水浇施，施肥深度10~20厘米。施用时期为5—8月果实膨大期，分次施用。缺镁果园在幼果期每亩施用硫酸镁20~30千克；缺钙果园在幼果期喷0.3%的钙肥2~3次。

秋季施肥　秋季施用腐熟堆肥1 000~2 000千克/亩，树势弱或肥力低的果园适当增加施肥量。可采用放射状沟施肥，即沿树干向外，避开骨干根挖数条放射状沟施肥；也可采用条沟施肥，即对成行树和矮密果园，沿行间的树冠外围挖沟施肥，沟宽30厘米、深40厘米左右，每年交换位置。在此基础上根据柑橘产量水平配施化肥，选用N-P-K为16-10-16或相近配方的配方肥。产量水平1 000千克/亩以下，配方肥用量15~23千克/亩；产量水平1 000~2 000千克/亩，配方肥用量23~30千克/亩；产量水平2 000~3 000千克/亩，配方肥用量30~38千克/亩；产量水平3 000千克/亩以上，配方肥用量38~47千克/亩。老龄果园或土壤酸化果园可增施石灰、硅钙镁肥或钙镁磷肥（50~100千克/亩）。施肥时间为9—11月，根据品种和气候条件确定，晚熟品种最好在9月下旬到10月上旬施用，其他品种在采果前后施用；根据秋梢生长情况，10月前后适时喷施叶面肥（0.4%磷酸二氢钾+0.1%硼砂等）1~2次，促进果实膨大转色和秋梢老熟。

3. 浙—闽—粤柑橘带

主要包括浙江省、福建省、广东省。

（1）施肥原则

①果园土壤以红壤或海涂土壤为主，有机质含量低，部分土壤酸化或盐渍化；应增施有机肥，坚持有机无机肥料配合施用；提倡行间种植绿肥，春季翻压或覆盖还田；土壤酸化严重的果园施用石灰、钙镁磷肥、硅钙肥等碱性肥料进行调理。

②该区域土壤磷累积较多，应适当降低磷肥用量；该区域土壤普遍缺乏钙、镁，应注意补充。

③肥水管理与绿色高产优质栽培结合。根据土壤肥力和不同熟期柑橘品种的长势及产量水平，优化氮磷钾肥用量、配比和施肥时期；有条件的果园提倡水肥一体化。

（2）施肥建议

产量水平1 000千克/亩以下，施用氮肥（N）6~10千克/亩、磷肥（P_2O_5）2~3千克/亩、钾肥（K_2O）5~9千克/亩；产量水平1 000~2 000千克/亩，施用氮肥（N）10~14千克/亩、磷肥（P_2O_5）3~4千克/亩、钾肥（K_2O）9~13千克/亩；产量水平2 000~3 000千克/亩，施用氮肥（N）14~18千克/亩、磷肥（P_2O_5）4~5千克/亩、钾肥（K_2O）13~16千克/亩；产量水平3 000千克/亩以上，施用氮肥（N）18~23千克/亩、磷肥（P_2O_5）5~7千克/亩、钾肥（K_2O）16~21千克/亩。

（3）施肥时期及用量

肥料分春、夏、秋3次施用，施肥方式条穴施。

春季施肥 选用高氮中磷中钾型（N-P-K为22-11-12或相近配方）配方肥。产量水平1 000千克/亩以下，配方肥用量10~15千克/亩；产量水平1 000~2 000千克/亩，配方肥用量15~25千克/亩；产量水平2 000~3 000千克/亩，配方肥用量25~33千克/亩；产量水平3 000千克/亩以上，配方肥用量33~40千克/亩。秋季有机肥施用不足的果园应在春季补施200~500千克/亩优质有机肥。施肥方法采用条沟施、穴施，施用时间为2—3月。

夏季施肥　选用高钾型（N-P-K为18-5-22或相近配方）配方肥。产量水平1 000千克/亩以下，配方肥用量16~22千克/亩；产量水平1 000~2 000千克/亩，配方肥用量22~33千克/亩；产量水平2 000~3 000千克/亩，配方肥用量33~44千克/亩；产量水平3 000千克/亩以上，配方肥用量44~50千克/亩。施肥方法采用条沟施、穴施或兑水浇施，施肥深度10~20厘米。在6—8月果实膨大期分次施用。

秋季施肥　秋季施用腐熟堆肥1 000~2 000千克/亩。可采用放射状沟施肥，即沿树干向外，避开骨干根挖数条放射状沟施肥；也可采用条沟施肥，即对成行树和矮密果园，沿行间的树冠外围挖沟施肥，沟宽30厘米、深40厘米左右，每年交换位置。有机肥施用宜在9月下旬至10月下旬完成，并结合墒情适当补灌。老龄果园或土壤酸化果园可将有机肥与石灰、硅钙镁肥或钙镁磷肥（50~100千克/亩）一并施入，选用N-P-K为16-10-16或相近配方的配方肥。产量水平1 000千克/亩以下，配方肥用量15~23千克/亩；产量水平1 000~2 000千克/亩，配方肥用量23~30千克/亩；产量水平2 000~3 000千克/亩，配方肥用量30~38千克/亩；产量水平3 000千克/亩以上，配方肥用量38~47千克/亩。施肥时间为9—11月，根据品种和气候条件确定，晚熟品种最好在9月下旬到10月上旬施用，其他品种在采果前后施用；根据秋梢生长情况，10月前后适时喷施叶面肥（0.4%磷酸二氢钾+0.1%硼砂等）1~2次，促进果实膨大转色和秋梢老熟。

（二）苹　果

1. 环渤海湾苹果产区

包括山东省、辽宁省、河北省大部，北京市和天津市部分区域。新疆产区可参照本区域。

（1）施肥原则

①增施有机肥，提倡有机肥料与无机肥料配合施用；依据土壤测试结果适当调减氮磷钾肥的用量，增加钙、镁、硼和锌的施用。

②秋季未施基肥的果园，应参照秋季施肥建议在萌芽前尽早补施，早春干旱地区在施肥后补充水分以利于养分吸收。

③施肥与高产优质栽培技术相结合，如起垄栽培、果园生草、下垂果枝修剪及壁蜂授粉等。

④土壤酸化果园可通过施用硅钙镁肥、石灰或其他碱性肥料改良土壤。

（2）施肥建议

亩产1 000～2 000千克果园 氮肥（N）全年用量10～12.5千克/亩（尿素16～23千克/亩），春季用量3～3.5千克/亩（尿素4～6千克/亩），秋季用量5～6.25千克/亩（尿素9～12千克/亩）；磷肥（P_2O_5）全年用量5～6.5千克/亩（磷酸二铵11～14千克/亩），春季用量2～2.5千克/亩（磷酸二铵4～5千克/亩），秋季用量2～2.5千克/亩（磷酸二铵4～5千克/亩）；钾肥（K_2O）全年用量11～14千克/亩（硫酸钾20～26千克/亩），春季用量2～3千克/亩（硫酸钾4～6千克/亩），秋季用量3.5～4.5千克/亩（硫酸钾6～8千克/亩）。

亩产2 000～3 000千克果园 氮肥（N）全年用量12.5～17.5千克/亩（尿素20～33千克/亩），春季用量3.5～5千克/亩（尿素5～9千克/亩），秋季用量6～9千克/亩（尿素10～17千克/亩）；磷肥（P_2O_5）全年用量6.5～9千克/亩（磷酸二铵14～20千克/亩），春季用量2.5～3.5千克/亩（磷酸二铵5～8千克/亩），秋季用量2.5～3.5千克/亩（磷酸二铵5～8千克/亩）；钾肥（K_2O）全年用量14～19.5千克/亩（硫酸钾26～36千克/亩），春季用量3～4千克/亩（硫酸钾6～7千克/亩），秋季用量4.5～6千克/亩（硫酸钾8～11千克/亩）。

亩产3 000~4 000千克果园 氮肥（N）全年用量17.5~22.5千克/亩（尿素28~41千克/亩），春季用量5~6.5千克/亩（尿素7~11千克/亩），秋季用量9~11千克/亩（尿素16~21千克/亩）；磷肥（P_2O_5）全年用量9~11.5千克/亩（磷酸二铵20~25千克/亩），春季用量3.5~4.5千克/亩（磷酸二铵8~10千克/亩），秋季用量3.5~4.5千克/亩（磷酸二铵8~10千克/亩）；钾肥（K_2O）全年用量19.5~25千克/亩（硫酸钾36~46千克/亩），春季用量4~5千克/亩（硫酸钾7~9千克/亩），秋季用量6~7.5千克/亩（硫酸钾11~14千克/亩）。

亩产4 000~5 000千克果园 氮肥（N）全年用量22.5~27.5千克/亩（尿素37~50千克/亩），春季用量6.5~8千克/亩（尿素9~14千克/亩），秋季用量11~14千克/亩（尿素19~27千克/亩）；磷肥（P_2O_5）全年用量11.5~14千克/亩（磷酸二铵25~30千克/亩），春季用量4.5~5.5千克/亩（磷酸二铵10~12千克/亩），秋季用量4.5~5.5千克/亩（磷酸二铵10~12千克/亩）；钾肥（K_2O）全年用量25~30.5千克/亩（硫酸钾46~56千克/亩），春季用量5~6千克/亩（硫酸钾9~11千克/亩），秋季用量7.5~9千克/亩（硫酸钾14~17千克/亩）。

（3）施肥时期及用量

传统施肥方式全年分为3个施肥时期，分别为秋季基肥期（9月中旬至10月上旬）、春季追肥期（套袋前后）、夏季追肥期（7—8月，果实膨大期），早熟品种适当提前。

春季施肥 春季施肥建议分两次进行，第一次在2月下旬至4月中旬，以氮磷肥为主，配合钙钾肥；氮肥形态建议硝基或氨基，尽量不用尿素；建议用硝酸铵钙+中氮中磷低钾硝基复合肥。第二次在果实套袋后（5月底至6月初），氮磷钾配合施用，适当增加磷肥；建议用平衡型复合肥。

夏季施肥 6月中旬以后为夏季追肥,施肥方法建议采用放射沟法、撒施。

秋季施肥 在9月中旬至10月中旬为秋季施肥,化肥和有机肥混匀后施用(晚熟品种采果前后尽早施用),施肥方法采用穴施或沟施,穴或沟深度40厘米左右,每株树3~4个(条)。10月底到11月中旬,连续叶面喷施3遍尿素、硼砂和硫酸锌,增加营养积累。第一遍在10月底,喷0.5%~1.0%尿素;7天后喷第二遍,为2.0%~3.0%尿素+0.5%硼砂+1.0%~2.0%硫酸锌;再7天后喷第三遍,为5.0%~7.0%尿素+0.5%硼砂+5.0%~6.0%硫酸锌,第三遍的浓度根据叶片衰老程度确定,老化程度越高则浓度越低。秋季没有施肥的果园应尽快尽早进行春季第一次施肥,建议施用腐熟堆肥1 800千克/亩;氮肥、磷肥和钾肥分别占全年用量的50%、60%和40%(腐烂病严重的果园可适当增加钾肥量),建议将有机肥和化肥混匀后机械化深施(30~40厘米)。土壤缺锌、硼的果园,秋季未补充的,萌芽前后每亩施用硫酸锌1~1.5千克、硼砂0.5千克左右。为增加营养积累,建议在萌芽前(3月初开始)喷3次尿素(浓度分别为3%、2%和1%,间隔5~7天)+0.5%硼砂+适量白糖(约1%),易发生花期晚霜冻的区域加芸苔素内酯、5%氨基寡糖素或海藻素等防霜抗冻剂,目的是防止抽条、利于花芽分化、提高坐果率并减轻早春晚霜冻危害。在花期和幼果期叶面喷施0.3%硼砂,果实套袋前喷3次0.3%~4%的钙肥。

2. 黄土高原产区

包括陕西省、山西省、甘肃省大部,河南省、宁夏回族自治区部分区域。云贵川高原产区可参照本区域。

(1)施肥原则

①增施有机肥,提倡有机肥料与无机肥料配合施用;依据土壤测试结果和树相,适当调减氮肥用量,增加钙、镁、硼和锌的

施用。

②秋季未施基肥的果园，参照秋季施肥建议，萌芽前尽早补施，早春干旱缺水地区要在施肥后补充水分以利于养分吸收。

③施肥与高产优质栽培相结合，如下垂果枝修剪、壁蜂授粉及地膜（园艺地布）覆盖等。

（2）施肥建议

亩产500～1 000千克果园　氮肥（N）全年用量7.5～10千克/亩（尿素12～18千克/亩），春季用量2～3千克/亩（尿素3～5千克/亩），秋季用量4～5千克/亩（尿素7～10千克/亩）；磷肥（P_2O_5）全年用量4～5千克/亩（磷酸二铵9～11千克/亩），春季用量1.5～2千克/亩（磷酸二铵3～4千克/亩），秋季用量1.5～2千克/亩（磷酸二铵3～4千克/亩）；钾肥（K_2O）全年用量8.5～11千克/亩（硫酸钾16～20千克/亩），春季用量1.5～2千克/亩（硫酸钾3～4千克/亩），秋季用量2.5～3.5千克/亩（硫酸钾5～6千克/亩）。

亩产1 000～2 000千克果园　氮肥（N）全年用量10～15千克/亩（尿素15～28千克/亩），春季用量3～4.5千克/亩（尿素4～8千克/亩），秋季用量5～7.5千克/亩（尿素8～15千克/亩）；磷肥（P_2O_5）全年用量5～7.5千克/亩（磷酸二铵11～16千克/亩），春季用量2～3千克/亩（磷酸二铵4～7千克/亩），秋季用量2～3千克/亩（磷酸二铵4～7千克/亩）；钾肥（K_2O）全年用量11～16.5千克/亩（硫酸钾20～31千克/亩），春季用量2～3千克/亩（硫酸钾4～6千克/亩），秋季用量3.5～5千克/亩（硫酸钾6～9千克/亩）。

亩产2 000～3 000千克果园　氮肥（N）全年用量15～20千克/亩（尿素24～37千克/亩），春季用量4.5～6千克/亩（尿素6～11千克/亩），秋季用量7.5～10千克/亩（尿素13～19千克/亩）；磷肥（P_2O_5）全年用量7.5～10千克/亩（磷酸二铵16～22千克/亩），春季用量3～4千克/亩（磷酸二铵7～9千克/亩），秋季用量3～4千克/

亩（磷酸二铵7~9千克/亩）；钾肥（K_2O）全年用量16.5~22千克/亩（硫酸钾30~41千克/亩），春季用量3~4.5千克/亩（硫酸钾6~8千克/亩），秋季用量5~6.5千克/亩（硫酸钾9~12千克/亩）。

亩产3 000~4 000千克果园　氮肥（N）全年用量20~25千克/亩（尿素33~46千克/亩），春季用量6~7.5千克/亩（尿素9~13千克/亩），秋季用量10~12.5千克/亩（尿素17~24千克/亩）；磷肥（P_2O_5）全年用量10~12.5千克/亩（磷酸二铵22~27千克/亩），春季用量4~5千克/亩（磷酸二铵9~11千克/亩），秋季用量4~5千克/亩（磷酸二铵9~11千克/亩）；钾肥（K_2O）全年用量22~27.5千克/亩（硫酸钾41~51千克/亩），春季用量4.5~5.5千克/亩（硫酸钾8~10千克/亩），秋季用量6.5~8千克/亩（硫酸钾12~15千克/亩）。

（3）施肥时期及用量

传统施肥方式全年分为3个施肥时期，分别为秋季基肥期（9月中旬至10月上旬）、春季追肥期（套袋前后）、夏季追肥期（7—8月果实膨大期，早熟品种适当提前）。

春季施肥　建议分两次进行，第一次在2月中旬到4月中旬，以氮磷肥为主，配合钙钾肥；氮肥形态建议为硝基或氨基，尽量不用尿素；建议用硝酸铵钙+中氮中磷低钾硝基复合肥。第二次在果实套袋前后（5月底），氮磷钾肥配合施用，适当增加磷肥；建议用平衡型复合肥。

夏季施肥　6月中旬以后为夏季追肥，建议采用窄沟多沟施肥法。

秋季施肥　9月中旬至10月中旬为秋季施肥，有机肥和化肥混匀后施用（晚熟品种采果前后尽早施用）；施肥方法采用穴施或沟施，穴或沟深度为40厘米左右，每株树3~4个（条）。10月底至11月中旬，连续叶面喷施3遍尿素、硼砂和硫酸锌，增加营养积累。第一遍在10月底喷0.5%~1.0%尿素；7天后喷第二遍，为

2.0%~3.0%尿素+0.5%硼砂+1.0%~2.0%硫酸锌；再7天后喷第三遍，为5.0%~7.0%尿素+0.5%硼砂+5.0%~6.0%硫酸锌，第三遍的浓度根据叶片衰老程度确定，老化程度越高则浓度越低。秋季没有施肥的果园，应尽快尽早进行春季第一次施肥，建议施用腐熟堆肥1 400千克/亩；氮肥、磷肥和钾肥分别占全年用量的50%、60%和40%（腐烂病严重果园可适当增加钾肥量），建议将有机肥和化肥混匀后采用机械化深施（30~40厘米）。土壤缺锌、硼的果园，秋季未补充的，萌芽前后每亩分别施用硫酸锌1~1.5千克、硼砂0.5千克左右。为增加营养积累，建议在萌芽前（2月下旬开始）喷3次尿素（浓度分别为3%、2%和1%，间隔5~7天）+0.5%硼砂+适量白糖（约1%），易发生花期晚霜冻的区域加芸苔素内酯、5%氨基寡糖素或海藻素等防霜抗冻剂，目的是防止抽条、利于花芽分化、提高坐果率并减轻早春晚霜冻危害。在花期和幼果期叶面喷施0.3%硼砂，果实套袋前喷3次0.3%~4%的钙肥。

（三）梨

1. 施肥原则

①增施有机肥料，实施梨园生草、覆草，培肥土壤；土壤酸化严重的果园施用石灰和有机肥进行改良；盐渍化严重的果园采用改进排灌措施、增施有机肥、施用石膏、覆盖地膜或有机物料等方式进行改良。

②按照产量水平和土壤肥力条件确定肥料施用时期、用量和养分配比。

③根据土壤肥力和梨树生长状况，适当减少氮肥、磷肥、钾肥用量，通过叶面喷施补充钙、镁、铁、锌、硼等中微量元素。

④如果上年秋季早期落叶病发生严重、施肥不当或者负载量过大等造成树体营养积累不足，建议在萌芽前（3月初开始）喷3次尿素（浓度分别为3%、2%和1%，间隔5~7天）+0.5%硼砂，防止抽

条，利于花芽分化，提高坐果率。

⑤优化施肥方式，改撒施为条沟施或放射沟施，结合灌溉施肥，以水调肥。建议基础条件好的果园采用肥水一体化施肥方式。

2. 施肥建议

（1）化肥施用

施肥量 亩产2 000千克以下的果园，施用氮肥（N）5~7.5千克/亩（尿素9~13千克/亩），磷肥（P_2O_5）3~4千克/亩（磷酸二铵6~9千克/亩），钾肥（K_2O）5~9千克/亩（硫酸钾9~17千克/亩）；亩产2 000~4 000千克的果园，施用氮肥（N）7.5~12千克/亩（尿素13~21千克/亩），磷肥（P_2O_5）4~6千克/亩（磷酸二铵9~13千克/亩），钾肥（K_2O）9~15千克/亩（硫酸钾17~28千克/亩）。

施肥时期 分为春梢生长期（5月中旬至6月中旬）、果实膨大期（6月中旬至9月中旬）和果实成熟期（果实采收到落叶，9月中旬至10月中旬）3个时期施用，每个时期施肥1~2次，共计3~5次。前期以氮钾肥为主，逐渐增加钾肥用量；后期以钾肥为主，配合少量氮肥。春梢生长期氮肥占50%，磷肥占40%，钾肥占35%；果实膨大期氮肥占20%，磷肥占30%，钾肥占35%；果实成熟期氮肥占30%，磷肥占30%，钾肥占30%。

施肥位置 距离树干50厘米处挖4~6条宽20厘米、深20~40厘米的辐射沟。

肥料品种 尿素、硝酸铵钙、磷酸二铵、磷酸一铵、硫酸钾以及复合肥或缓控释复合肥等。

（2）有机肥施用

施肥量 建议施腐熟有机肥500~700千克/亩。

施肥时期 秋季采收后到落叶前，最佳时期为9月中旬至10月中旬。秋季未施用有机肥的果园，应补施有机肥，在春季土壤解冻后采用开沟或挖穴方法及早施入。

施肥位置 距树干50厘米两侧,挖深和宽均为40厘米的施肥沟。

肥料品种 充分腐熟农家肥、商品有机肥和生物有机肥。秋施基肥是梨园最重要的一次施肥,肥料源源不断地分解,释放出养分供梨树全年生长周期中各项生命活动所需。肥料选用优质农家肥,如鸡粪、羊粪、优质圈肥等为主的有机肥料,可在基肥中一次施入。速效氮肥可施入全年施用量的50%~60%,磷肥可一次施入。基肥中不要施入速效钾肥,因钾肥容易淋失,它只适宜作追肥。另外,缺铁、磷、锌的果园,可在施基肥时相应补充。

(四)桃

1. 施肥原则

①依据土壤肥力、早中晚熟品种及产量水平,适量增施有机肥,合理调控氮磷钾肥施用水平,注意钙肥、镁肥、硼肥、锌肥、铁肥的配合施用。土壤酸化严重的果园施用石灰和有机肥进行改良;盐渍化严重的果园采用排灌措施、增施有机肥、施用石膏、覆盖地膜或有机物料进行改良。

②不同品种桃树的追肥时期和次数不同,早熟品种较晚熟品种追肥时期早,追肥次数少。

③如果上年秋季早期落叶病发生严重,建议在萌芽前(3月初开始)喷3次尿素(浓度分别为3%、2%和1%,间隔5~7天)+0.5%硼砂,防止抽条,利于花芽分化,提高坐果率。

④施肥与优质栽培相结合。注意预防春季低温冻害,夏季易出现涝害的平原地区注意结合起垄、覆膜或果园生草技术,干旱地区提倡采用地表覆盖和穴贮肥水技术。

2. 施肥建议

(1)化肥施用

施肥量 产量水平1 500千克/亩以下,施用氮肥(N)8~10千克/亩(尿素13~15千克/亩),磷肥(P_2O_5)5~8千克/亩(磷酸二铵11~18千克/亩），钾肥（K₂O）10~13千克/亩（硫酸钾19~24千克/亩）；产量水平1 500~3 000千克/亩，施用氮肥（N）13~16千克/亩（尿素23~26千克/亩），磷肥（P₂O₅）7~10千克/亩（磷酸二铵15~22千克/亩），钾肥（K₂O）15~18千克/亩（硫酸钾28~33千克/亩）；产量水平3 000千克/亩以上，施用氮肥（N）16~18千克/亩（尿素26~29千克/亩），磷肥（P₂O₅）10~12千克/亩（磷酸二铵22~26千克/亩），钾肥（K₂O）18~21千克/亩（硫酸钾33~39千克/亩）。

施肥时期 秋施肥，一般与有机肥一起基施，氮肥占50%，磷肥占60%，钾肥占40%，其余用作追肥。中早熟品种，萌芽前（3月初）追肥，氮肥占30%，磷肥占20%，钾肥占20%；果实迅速膨大期追肥，氮肥占20%，磷肥占20%、钾肥占40%。晚熟品种，萌芽前追肥，氮肥占30%，磷肥占20%，钾肥占20%；花芽生理分化期（5月下旬至6月下旬）追肥，氮肥占10%，磷肥占10%，钾肥占20%，果实迅速膨大期追肥，氮肥占10%，磷肥占10%，钾肥占20%。

施肥位置 距离树干50厘米处挖4~6条宽20厘米、深30厘米的辐射沟。

肥料品种 尿素、硝酸铵钙、磷酸二铵、磷酸一铵、硫酸钾以及复合肥或缓控释复合肥等。

（2）有机肥施用

施肥量 建议施腐熟有机肥1 100~1 400千克/亩。

施肥时期 秋施，9月至10月上旬完成。秋季未施用有机肥的果园应补施有机肥，在春季土壤解冻后采用开沟或挖穴方法及早施入。秋季施用肥料时，可以采用环状沟、放射状沟或条状沟施肥。

环状沟施肥 在树冠外缘投影处开沟，沟的深度和宽度均为30~40厘米，根据肥料用量适当调整沟的宽度和深度，多用于幼树和初结果树。

放射状沟施肥 由内向外开沟4~8条,由树冠外缘投影稍内向树冠外缘投影外延伸,这种施肥方法伤根少,能促进根系吸收,适于成年树。

条状沟施肥 顺桃园行间开沟,随开沟随施肥,及时覆土,每年变换开沟位置,以使肥力均衡。

(3)根外追肥

萌芽前可喷施2~3次1%~3%的尿素,萌芽后至7月中旬之前,每隔7天喷施一次,按2次尿素与1次磷酸二氢钾(浓度为0.3%~0.5%)的顺序喷施。推荐采用"因缺补缺""矫正施用"的策略,出现中微量元素缺素症时通过叶面喷施进行矫正。

(五)荔枝

1. 施肥原则

①重视有机肥施用,根据生育期施肥,合理搭配氮磷钾肥,视荔枝品种、长势、气候等因素调整施肥计划。

②土壤酸性较强的果园,适量施用石灰、煅烧好的牡蛎壳粉、钙镁磷肥等调节土壤酸碱度并补充相应养分。

③大量元素肥料和有机肥采用土施,用量根据产量和土壤肥力而定,中微量元素肥料因缺补缺,采用根外追肥方式喷施。

④果实发育期正值雨季,氮肥尽量选用铵态氮肥,避免用尿素或硝态氮肥。

⑤施肥与其他管理措施相结合,例如采用灌溉施肥、施肥枪施肥等。

2. 施肥建议

①结果盛期树(株产50千克左右),每株施有机肥50~70千克,氮肥(N)0.75~1.0千克(尿素1.5~2.0千克),磷肥(P_2O_5)0.25~0.3千克(磷酸二铵0.5~0.7千克),钾肥(K_2O)

0.8~1.1千克（硫酸钾1.5~2千克），钙肥（Ca）0.25~0.35千克，镁肥（Mg）0.07~0.09千克。

②未结果幼树或初果树，每株施有机肥30~50千克，氮肥（N）0.4~0.6千克（尿素0.8~1.2千克），磷（P_2O_5）0.1~0.15千克（磷酸二铵0.2~0.4千克），钾肥（K_2O）0.3~0.5千克（硫酸钾0.5~0.9千克），镁肥（MgO）0.05千克。

③肥料分6~8次分别在采后（一梢一肥，2~3次）、花前、谢花及果实发育期施用。视荔枝树体长势，可将花前肥和谢花肥合并施用，或将谢花肥和壮果肥合并施用。氮肥在上述4个生育期施用比例分别为45%、10%、20%和25%；磷肥可在采后一次施入，或采后和花前分两次施入；钾钙镁肥在上述4个生育期施用比例分别为30%、10%、20%和40%。花期可喷施磷酸二氢钾溶液。喷施时加入适量吐温、有机硅、山梨糖醇等叶面肥助剂。

④缺硼和缺钼的果园，在花前、谢花及果实膨大期喷施0.2%硼砂、0.05%钼酸铵；在荔枝梢期喷施0.2%的硫酸锌或复合微量元素；pH值小于5的果园，施用石灰100千克/亩。

⑤采用水肥一体化施肥的果园，可以采用重力自压施肥法和泵前吸肥法，施肥总量减少1/4~1/3，采用少量多次方式，一般"一梢三肥"，果实发育期每10天施肥一次，全年施肥10次以上。

⑥采后追肥可采用条状沟施肥，即沿荔枝栽植的行向在滴水线下方挖1条深30~40厘米的沟，将肥料均匀撒入沟内，回填土壤，浇水；也可以采用穴施，在荔枝滴水线下方挖直径40厘米、深40厘米的施肥穴，一般每株挖2个，在树两边相对进行，然后施入腐熟的有机肥，回填土壤。翌年与上一年位置错开进行。该时期生产100千克荔枝鲜果需要补充的化学肥料用量为尿素（N，46%）1.96千克/亩、15-15-15（N-P-K）复合肥4.00千克/亩、农用硫酸钾（K_2O，50%）0.40千克/亩；也可以生产100千克荔枝施用养分含

量接近15-6-8（N-P-K）的复合肥10千克/亩，另外每株须配合施用优质堆肥15～20千克或商品有机肥5～10千克/亩。

（六）北方葡萄

1. 施肥原则

①重视有机肥料施用，根据生育期合理搭配氮磷钾肥，视葡萄品种、产量水平、长势、气候等因素调整施肥计划。

②土壤酸性较强的果园，适量施用石灰、钙镁磷肥来调节土壤酸碱度并补充相应养分。盐渍化严重的果园采用排灌措施、增施有机肥、施用石膏、覆盖地膜或有机物料进行改良。

③采用适宜的施肥方法，有针对性地施用中微量元素肥料。

④施肥与其他管理措施相结合，提倡采用水肥一体化技术，遵循少量多次的灌溉施肥原则。

2. 施肥建议

（1）化肥施用

施肥量 亩产1 500千克以下，施用氮肥（N）10～15千克/亩（尿素18～24千克/亩），磷肥（P_2O_5）5～10千克/亩（磷酸二铵12～22千克/亩），钾肥（K_2O）10～15千克/亩（硫酸钾19～28千克/亩）；亩产1 500～2 000千克，施用氮肥（N）15～20千克/亩（尿素24～30千克/亩），磷肥（P_2O_5）10～15千克/亩（磷酸二铵22～32千克/亩），钾肥（K_2O）15～20千克/亩（硫酸钾28～37千克/亩）；亩产2 000千克以上，施用氮肥（N）20～25千克/亩（尿素30～36千克/亩），磷肥（P_2O_5）15～20千克/亩（磷酸二铵32～42千克/亩），钾肥（K_2O）20～25千克/亩（硫酸钾37～46千克/亩）。

施肥方法 一般分3～4次施用。第一次在上年9月中旬至10月中旬（晚熟品种采果后尽早施用）作基肥时施入，结合有机肥施用20%氮肥、20%磷肥、20%钾肥；第二次在4月中旬进行，以氮磷肥为主，施用20%氮肥、20%磷肥、10%钾肥；第三次在6月初果实套袋前后进行，根据留果情况氮磷钾配合施用，施用40%氮肥、40%磷肥、20%钾肥；第四次在7月下旬至8月中旬，施用20%氮肥、20%磷肥、50%钾肥，根据降雨、树势和产量情况采取少量多次的方法进行，以钾肥为主，配合少量氮磷肥。施肥位置：距离树干50厘米处挖4~6条宽20厘米、深20~40厘米的辐射沟。

（2）有机肥施用

施肥量 建议亩施腐熟有机肥1~3吨。

施肥方法 以秋施最佳，冬施次之，冬施优于春施，夏季一般不施有机肥。秋季未施用有机肥的果园，应补施有机肥，在春季土壤解冻后树体萌芽前，采用开沟或挖穴方式及早施入。秋季肥料施用时，顺葡萄园行间，挖深、宽各20~35厘米的条沟，每行开沟或隔行开沟，每年变换开沟位置。施肥时将有机肥与各类化肥一同施入，与土混匀覆盖后及时灌水；有机肥品种应选择充分腐熟的畜禽粪肥或堆肥。

四、茶树施肥方法

茶叶的品种多种多样，主要分为绿茶、红茶、乌龙茶、白茶、黄茶等几大类。茶树的种植是一个复杂而精细的过程，涉及种类繁多的茶叶品种，每一种茶叶都有其独特的种植难点。总体来说，茶树的种植难点可以归纳为对环境因素的合理管理、对农艺措施的精细施工，以及对茶树生长特点的深入了解和应对。茶树种植中肥料管理的主要难点如下。

营养需求的精准把握 茶树在不同的生长期对营养元素的需求不同。幼苗期需要更多的氮肥以促进叶片生长，而成长期和采摘期则需要更多的磷肥和钾肥来增强根系并提高茶叶质量。因此，如何

根据茶树的生长期针对不同元素的需求合理施用相应的有机肥是一个难点。

肥料种类的选择 茶树对某些微量元素（如锌、硼、镁等）有特定的需求，而这些元素在一般的复合肥料中可能含量不足。因此，选择适合茶树的专用有机肥，是种植过程中需要特别注意的方面。

施肥量的控制 过量施肥会导致肥料浪费，且可能损害茶树健康；而施肥不足则会导致茶树生长不良，茶叶品质下降。因此，如何科学确定施肥量，既满足茶树的营养需求，又避免过度施肥，是一个技术性的难题。

施肥时间与方式 不同季节、不同生长期施肥的时间和方式也有所不同。例如，在春季萌芽期，茶树需要补充大量氮元素含量高的有机肥，而在采摘结束后的休养期，则需要补充磷钾元素含量高的有机肥以促进根系恢复。此外，施肥方式包括根部施肥和叶面喷肥，不同的方式会直接影响肥料的吸收效率。

土壤条件的调控 茶树适宜在酸性土壤中生长（pH值4.5～5.5）。因此，合理使用有机肥调节土壤pH值，保持土壤健康，也是肥料管理的一项重要工作。

环境和气候因素 气候和环境变化会影响肥料的施用效果。雨季时，肥料容易被雨水冲刷流失，需要增加施肥次数或采用深施等方法；干旱季节则应注意灌溉结合施肥，以保证肥料的有效性。这要求种植者具备灵活调整施肥策略的能力。

总之，茶叶种植中的肥料管理需要综合考虑茶树的生长需求、土壤条件、气候因素等多方面内容。科学的肥料管理不仅能提高茶叶的产量和品质，还能有效保护生态环境，实现茶叶种植的可持续发展。

茶叶在不同生长阶段对养分的需求有所不同，具有集中性、阶段性和连续性的特点，因此，在施肥时要重视施肥时间的合理性，结合茶叶的生长特征、茶树树龄等合理选择适宜的施肥时间，提高肥料的利用率。

茶园的施肥可分为基肥和追肥，每年茶树地上部分停止生长后施基肥，处于生长期就需要追肥。由于不同地区气候条件、自然环境等的差异，施肥时间也随之不同。每年茶树地上部分恢复生长后第一次追肥则需要施用催芽肥，催芽肥适宜在茶叶采摘前10～20天施加，在春茶结束后进行夏秋茶追肥，夏茶结束后开展第三次追肥。

（一）施用量

1. 基　肥

春茶绿茶　基肥按每亩施用腐熟堆肥800千克和茶树专用肥（$N : P_2O_5 : K_2O : MgO = 18 : 8 : 12 : 2$或相近配方，下同）10～15千克标准施用。

绿茶和黑茶　基肥一般按每亩施用腐熟堆肥600千克和茶树专用肥15～25千克标准施用。

乌龙茶　基肥一般按每亩施用腐熟堆肥800千克和茶树专用肥15～20千克标准施用。

红茶　基肥一般按每亩施用腐熟堆肥600千克和茶树专用肥15～20千克标准施用。

2. 追　肥

春茶绿茶　追肥可分6次施用（春茶开采前40～50天、25～35天、10～20天，以及春茶结束、7月上旬和8月上旬），每次每亩施用水溶性尿素1.3～1.5千克、过磷酸钙0.2～0.4千克、硫酸钾0.3～0.5千克。

绿茶和黑茶　追肥可分3次施用（春茶开采前30～40天、春茶结束和夏茶结束），每亩施用尿素4～5千克。

乌龙茶　追肥可分3次施用（春茶开采前20~30天、春茶结束和夏茶结束），每亩施用尿素8~10千克。

红茶　追肥可分3次施用（春茶开采前30~40天、春茶结束和夏茶结束），每亩施用尿素3~4千克。

（二）施用方法

很多茶园在施肥时由于操作不规范以及管理人手紧张，倾向于采用简化的方式，直接将化肥撒在茶树根部的表土上，这种方式虽省时省力，却大大降低了施肥的效率和效果，例如，肥料容易被雨水冲刷走或自然挥发，不仅降低了施肥的利用率和整体效益，还无形中增加了施肥的成本。

在茶园进行深耕翻土时施用基肥，施肥的深度应大于20厘米，对于重建茶园或幼龄茶园主要施用钾肥和磷肥，为了提高肥料的利用率最好开沟施肥。追肥时不适合撒施，施肥的深度应在10厘米左右。针对不同肥料的特性进一步规范施肥技术，例如，尿素、硫酸铵等能快速在土壤中溶解的肥料不可一次性施用过多，避免发生渗漏损失，而对于容易在土壤中固定的磷肥，则适宜进行集中施肥，提高其利用率。

1. 应用测土配方施肥技术

测土配方施肥技术在茶叶生产中具有显著的应用价值。通过精准检测土壤，能准确掌握土壤的养分状况和肥力水平，结合土壤供肥性能、肥料效应以及茶叶的特定需肥规律，以有机肥的合理施用为基础，科学确定肥料中氮、磷、钾及中微量元素的施用方法、时间及用量。在茶园施肥中应用此技术，不仅能显著提升施肥的合理性，还有助于提高肥料的利用率。然而，目前该技术并未得到广泛应用，因此，有必要加大推广力度，以确保茶园施肥更加科学、合理、高效。

2. 应用秸秆还田技术

对于初建的茶园需要做好保温保墒工作，防止冻害的发生。对此，可以实施秸秆还田技术，采用水稻、小麦、玉米秸秆等覆盖还田，防止茶园水分蒸发和水土流失，提高土壤中微生物的活性和有机质的含量，为施肥创造良好的条件，提高肥料利用率。

在建成的茶园中，也可以将农作物秸秆腐熟后施于茶园，进行堆腐还田，解决农作物秸秆不合理施用产生的环境污染问题，促进资源的利用。

3. 使用有机肥和种植绿肥

有机肥的合理施用不仅能为茶叶的生长提供所需的营养物质，也不会残留有害物质，同时，还能节约肥料的成本，尤其是在土壤较为贫瘠的地区，施用有机肥可以改善土壤的理化性状、结构及质地，提升土壤中有机质的含量，起到培肥地力的作用。此外，绿肥具有固氮的作用，可以将土壤中的难溶性钾、磷溶解并转化为可吸收的速效钾、有机磷，还能提高土壤中微生物的活性，增加土壤中的有机质含量。例如，推广种植紫云英是培育茶园地力的重要举措，可一次播种，多年反复利用，能够有效降低施肥成本。

在茶叶生产过程中，施肥是一项必不可少的工作，合理施肥能够增加土壤中有机质的含量，提高土壤微生物活性。但在实际施肥过程中，依旧存在着施肥方式不合理、肥料配比失衡、肥料品种单一、不注重中微量元素施用等问题，影响了肥料作用的发挥。对此，需要推广应用新技术，规范肥料的施用量、施用方法等，提高肥料的利用率，从而提高茶叶的质量及产量。

（三）养分需求量计算方法

合理的施肥能提高土壤有效养分含量，满足茶树正常的养分需求，也是提高茶叶产量、品质的关键环节。因此，养分需求量的计算须保证科学。

1. 制定目标产量

结合茶园历史产量、土壤条件和管理水平等因素，设定目标产量为前3年平均产量基础上增加10%~15%，同时，考虑当年的气候变化影响和技术改进潜力，确保目标制定的合理性。

2. 获取单位茶叶产量养分吸收量

可通过长期田间试验或参考同地区其他茶园的数据，确定每吨鲜叶的养分吸收量，以反映茶树生长对主要养分的需求规律。

3. 分析土壤养分背景值

通过土壤检测分析，测定速效氮、速效磷和速效钾的含量，结合土壤类型、有机质水平及历史肥力评估，确定土壤能自然供应的养分含量，通常以千克/公顷为单位。

4. 估算肥料利用率

以肥料种类、施肥方式和环境条件为依据，结合该肥料的历史检测数据或经验数值，估算养分的吸收比例。

5. 计算养分需求量

养分需求量=（目标产量×单位茶叶产量养分吸收量-土壤养分供应量）/肥料利用率

（四）注意事项

1. 明确有机肥与化肥的配施比例

针对不同的茶树品种、生长阶段、土壤特点选取合适的肥料类型和配比，同时注意配施的均匀性。

2. 合理调整施肥量，避免盲目施肥

根据土壤检测结果和茶树实际生长情况调整施肥量，避免过量施肥导致营养元素过剩，进一步引发茶园土壤酸化板结和环境污染问题。

3. 注意施肥时期，遵循养分需求规律

结合茶树的生长规律，在萌芽期、采摘期和休眠期合理安排施

肥时间，分次施肥。基肥应在每年茶树休眠期后施用，建议在秋季茶叶采摘后或早春萌芽前进行。追肥应在春茶、夏茶等生长期施用，保证各阶段营养供给和养分平衡。

4. 注重方式结合，科学有效施肥

深开沟、重施有机基肥能有效保证茶树优异的长势，提高抗逆性。深开沟能够疏松土壤，有利于茶树根系深扎广布，提高抗旱抗冻能力。重施有机基肥，不仅改良土壤，还能为茶树生长持续缓慢地提供养分。同时，积极推广茶园测土配方施肥、水肥一体化等技术，推动茶园向生态、优质、高效的方向前进与发展。

参考文献

北京农业大学，山东农学院，1961. 农业化学　第一册：肥料 [M]. 北京：农业出版社.

曹卫东，高嵩涓，2023. 到2025年中国绿肥发展策略 [J]. 中国农业资源与区划，44（12）：1-9.

查贵生，2017. 采取沤肥方法就地自制农家肥 [J]. 云南林业，38（4）：68-69.

陈佳清，蔡红，刀凤兰，等，2022. 化念镇蔬菜种植地土壤养分现状及培肥措施 [J]. 热带农业工程，46（4）：59-62.

陈清，2016. 有机肥施用四原则 [J]. 农家参谋（9）：57.

陈胜文，何国平，陈纯秀，等，2023. 化肥减量配施生物有机肥对蔬菜产量和品质的影响 [J]. 浙江农业科学，64（5）：1160-1163.

程艳丽，邹德乙，2007. 长期定位施肥残留养分对作物产量及土壤化学性质的影响 [J]. 土壤通报（1）：64-67.

戴林建，陈昱安，刘晨祥，等，2021. 氰氨化钙及其与生物炭和饼肥配施对植烟土壤酶活性与微生物总量的影响 [J]. 中国农学通报，37（34）：97-102.

邓虹，何建，马麒麟，等，2013. 蚕沙有机肥在茄果及瓜类蔬菜上的肥效试验 [J]. 辣椒杂志，11（4）：39-41.

丁建莉，姜昕，关大伟，等，2016. 东北黑土微生物群落对长期施肥及作物的响应 [J]. 中国农业科学，49（22）：4408-4418.

董达诚，2020. 陆良县菜地土壤—蔬菜系统重金属污染评价及来源解析 [D]. 昆明：昆明理工大学.

董天恩，1982. 泥封沤肥好处多 [J]. 农业科学实验（11）：7.

付英杰，1986. 土壤肥料学 [M]. 长春：吉林科学技术出版社.

高海荣，赵爱娟，王睿颖，等，2017. 紫外法快速测定中原区12种蔬菜VC含量 [J]. 湖北农业科学，56（6）：1131-1133，1136.

郭向荣，王迪轩，2020. 菠菜科学施肥技术 [J]. 科学种养（12）：35-37.

韩丽娟，2018. 小麦底肥施用技术 [J]. 现代农村科技（2）：53.

河北省昌黎农业学校，1984. 农业中学参考读本 肥料知识 [M]. 北京：农业出版社.

河南百泉农业专科学校，1977. 农家肥料 [M]. 郑州：河南科学技术出版社.

何永梅，欧迎峰，郭向荣，2021. 生菜科学施肥技术 [J]. 科学种养（3）：39-41.

贾小红，2010. 有机肥料加工与施用 [M]. 北京：化学工业出版社.

贾友江，2018. 棚室蔬菜如何搭配底肥 [J]. 农村新技术（10）：17.

蹇黎，余丹凤，秦小军，2013. 野生白芨叶绿素含量与SPAD值的测定与分析 [J]. 北方园艺（121）：65-67.

江华坚，2021. 蘑菇种植追肥方法 [J]. 农家参谋（7）：35-36.

焦彬，1986. 中国绿肥 [M]. 北京：农业出版社.

金柯达，王绍轩，胡宝娥，等，2022. 沼肥施用量对上海青产量及土壤理化特性的影响 [J]. 中国沼气，406：50-56.

康建郸，李波，方祥，等，2023. 厨余垃圾厌氧沼渣快速陈腐通风和加热策略探析 [J]. 环境卫生工程，31（1）：37-42.

康志挺，2023. 沼渣超高温堆肥促腐熟过程中碳氮养分转化研究 [D].

上海：华东师范大学．

孔令波，2022. 露地花椰菜优质高产施肥技术 [J]. 蔬菜（2）：32-34.

李博，2022. 有机肥和化肥配施对大蒜农艺特性和产量的影响 [J]. 基层农技推广，10（7）：21-24.

李季，彭生平，2011. 堆肥工程实用手册 [M]. 2 版. 北京：化学工业出版社．

李建波，刘晓静，邢延富，等，2020. 秸秆还田对土壤和作物的影响 [J]. 农业工程技术，40（29）：49-50.

李俊杰，张美英，1988. 夏季大坑沤肥方法 [J]. 现代农业（6）：23.

李梁，董晓波，陈良正，等，2022. 乡村振兴背景下云南省蔬菜产业兴旺路径研究 [J]. 浙江农业科学，63（11）：2711-2715.

李盛，王迪轩，陈维，2021. 莲藕科学施肥技术 [J]. 科学种养（5）：37-39.

李淑兰，邓良伟，2008. 2007 年我国畜禽养殖废弃物处理的宏观政策及技术进展 [J]. 猪业科学（1）：70-72.

李新江，张淑华，2010. 有机肥对菜豆产量及土壤培肥效果的研究 [J]. 北方园艺（2）：28-30.

李艳兰，杨进成，金红云，等，2023. 有机肥用量与配比对食粒豌豆 3 种病害防效的影响 [J]. 中国农学通报，39（4）：106-111.

李燕青，车升国，2023. 北方葡萄园养分管理技术 [J]. 果树实用技术与信息（7）：27-28.

李燕青，李壮，李宏坤，等，2023. 桃园养分管理与施肥技术 [J]. 果树实用技术与信息（12）：24-27.

李燕青，2017. 不同类型有机肥与化肥配施的农学和环境效应研究 [D]. 北京：中国农业科学院．

李云，刘天英，2018. 大棚主要瓜类及茄果类蔬菜越夏栽培管理要

点 [J]. 长江蔬菜（15）：62-64.

李志坚，李燕青，李壮，2023. 柑橘园养分管理技术 [J]. 果树实用技术与信息（10）：19-22.

李志坚，李燕青，李壮，2023. 荔枝、龙眼园养分管理技术 [J]. 果树实用技术与信息（9）：26-29.

李壮，李燕青，车升国，2023. 苹果园养分管理与施肥技术 [J]. 果树实用技术与信息（5）：27-31.

刘更另，1991. 中国有机肥料 [M]. 北京：农业出版社.

刘红彬，李慧玲，李雁鸣，2013. 施肥对河北荆芥生长生理及产量和药用品质的影响 [J]. 中国生态农业学报，21（2）：157-163.

刘佩诗，黄瑜，甘曼琴，等，2021. 茶园土壤有机肥施用效应和施肥技术 [J]. 中国土壤与肥料（2）：306-311.

刘振坤，武燕飞，马国江，等，2024. 生物有机肥在蔬菜上的应用效果 [J]. 云南农业（3）：78-80.

隆志方，王迪轩，郭赛，等，2020. 萝卜科学施肥及注意事项 [J]. 长江蔬菜（7）：68-71.

罗贤力，席明，郑克梅，2021. 茶叶施肥存在问题及解决对策 [J]. 世界热带农业信息（5）：23-24.

马燕芹，孙成洋，时东倩，2015. 食用菌施肥技术 [J]. 农业知识（5）：13-14.

毛达如，1982. 有机肥料 [M]. 北京：农业出版社.

毛知耘，1997. 肥料学 [M]. 北京：中国农业出版社.

孟令新，王振学，郭月玲，2023. 鲁西南地区春种胡萝卜高产优质管理技术 [J]. 长江蔬菜（23）：62-64.

孟新云，张珊珊，赵晓燕，2020. 茼蒿栽培技术要点 [J]. 新疆农业科技（6）：13-14.

聂忠扬，祖庆学，林松，等，2023. 化肥减量配施油菜籽饼肥对烤烟碳氮代谢及产量的影响 [J]. 亚热带植物科学，52（3）：210-219.

农业部信息中心，2012. 商品有机肥的施用技术 [J]. 中国农业信息（12）：41.

庞玉红，2020. 浅谈玉米种植中底肥施用技术 [J]. 现代农村科技（7）：54.

秦亚旭，2021. 生物质炭基专用肥对苹果产量品质及土壤肥力的影响 [D]. 杨凌：西北农林科技大学.

秦艳，2016. 食用菌如何科学施肥 [J]. 河北农业（7）：38.

全国农业技术推广服务中心，1999. 中国有机肥料资源 [M]. 北京：中国农业出版社.

饶卫华，2020. 结球甘蓝丰产优质栽培精准施肥技术 [J]. 科学种养（3）：35-36.

任海龙，陈非凡，谭启玲，等，2024. 有机肥替代化肥对我国茶叶产量、品质的影响 [J]. 茶叶科学，44（4）：598-608.

沙林，2012. 食用菌出菇追肥技术 [J]. 农村新技术（8）：13.

宋英今，王冠超，李然，等，2021. 沼液处理方式及资源化研究进展 [J]. 农业工程学报，37（12）：237-250.

孙海伟，张虹，高红，等，2017. 北方茶园专用水肥喷、滴灌一体化技术 [J]. 山东林业科技，47（5）：79-81.

孙淑珍，2019. 土壤肥料的科学施用及推广探讨 [J]. 现代职业教育（36）：184-185.

孙振华，2017. 蕹草沤肥加工制作与施用技术 [J]. 现代农村科技（8）：58.

谭舒芮，2022. 关于探索政策性信贷价值选择的思考——以云南高原特色蔬菜产业为例 [J]. 农村实用技术（12）：12-14.

唐献兰，2018. 豆类作物专用生物有机肥及其制备方法 [D]. 来宾：广西科技师范学院.

陶湘辉，王秀萍，钟秋生，2009. 茶园饼肥的应用研究进展 [J]. 茶叶科学技术（4）：12-14，48.

王迪轩，2021. 西葫芦科学施肥及注意事项 [J]. 长江蔬菜（1）：70-72.

王芳，吴炳献，谢菲，等，2023. 有机肥的科学施用及推广措施分析 [J]. 农业科学，6（4）：43-45.

王国海，翟静，2015. 沼液对土壤改良的作用 [J]. 北京农业（3）：101.

王磊，李萌，乔勇，2024. 不同培肥措施对蔬菜种植地土壤养分、生态环境及生长量影响分析 [J]. 现代农机（3）：84-85.

王明文，张洋，胥婷婷，等，2021. 有机肥替代化肥对大蒜产量、品质及土壤养分的影响 [J]. 青海农林科技（4）：74-79.

王妮妮，2017. 浅析农业生产中肥料的使用 [J]. 山西农经（3）：19.

王蕊，赵由才，欧阳创，等，2023. 菌剂复配强化厌氧消化沼渣腐熟中试试验 [J]. 环境科学与技术，46（6）：91-100.

王锐萍，韩存娥，姚树良，2022. 统筹兼顾 科学推进种植业结构调整 [J]. 云南农业（4）：22-24.

王若莹，2022. 有机液肥调控对基质培生菜生长及品质的影响 [D]. 太原：山西农业大学.

王伟，赵春苗，2007. 梨树秋季管理技术关键 [J]. 安徽农学通报（22）：119.

王兴仁，张福锁，张卫峰，2013. 中国农化服务肥料与施肥手册 [M]. 北京：中国农业出版社.

王叶,孟涛,2024.安化县有机茶园建设的发展现状与对策建议[J].福建茶叶,46(12):138-140.

王昱杭,唐旭,姜振辉,等,2024.不同比例有机无机氮配施对长期稻麦轮作体系中水稻产量和氮素吸收利用的影响[J].土壤通报,55(2):401-411.

王子勤,2023.浅析有机肥在蔬菜栽培方面的应用[J].农村实用技术(3):79-80.

温延臣,2017.不同施肥制度潮土养分库容特征及环境效应[D].北京:中国农业科学院.

吴洪兴,2020.食用菌追肥注意事项[J].种业导刊(2):37-38.

习彦花,刘敬,王馨芝,等,2023.不同配比玉米秸秆调理剂对沼渣堆肥性能的影响[J].中国沼气,41(6):46-54.

肖建军,刘丽,王贵智,等,2018.试论不同有机肥配比对大葱产量及品质的影响[J].农业与技术,38(20):27.

谢文照,2019.土壤肥料的科学施用及推广初探[J].农家参谋(7):70.

闫广轩,2008.施肥对药用菊花产量、品质的影响和大量、微量元素的肥效方程拟合[D].南京:南京农业大学.

闫佳会,侯璐,姚强,等,2020.有机肥替代化肥对大葱产量、品质和土壤氮淋失的影响[J].西北农业学报,29(8):1243-1249.

杨开霞,2024.绿色食品茶叶的病虫草害防治技术[J].种子科技,42(23):104-106.

阳美雪,刘苗,黄丽榕,等,2024.辣椒专用有机无机复混肥应用效果[J].辣椒杂志,22(1):22-25.

杨红蕾,姚晓琴,潘小刚,等,2014.如何提高基肥施用效果——兼答河北读者刘永光[J].山西果树(6):62-63.

杨京鸣，2023. 有机肥料和土壤调理剂替减化肥对连作大蒜生长及土壤肥力的影响 [D]. 武汉：华中农业大学.

杨少杰，李欣苗，李艳，等，2020. 尾菜沤肥处理技术 [J]. 农业科技与信息（10）：44-45，49.

杨雄，张有民，王迪轩，等，2020. 芹菜科学施肥及注意事项 [J]. 长江蔬菜（1）：69-72.

张锐，2023. 基于磷尾矿和沼渣综合利用的生物有机肥制备及应用 [D]. 武汉：华中农业大学.

张双双，2023. 沼气发酵残余物固液分离条件优化及沼液沼渣综合利用 [D]. 芜湖：安徽工程大学.

张无敌，尹芳，李建昌，等，2008. 沼液对土壤有机质含量和肥效的影响 [J]. 可再生能源，26（6）：45-47.

张西森，张立联，谭德星，等，2020. 大葱生物有机肥替代化肥技术效果探析 [J]. 现代农业（5）：40-41.

张小琴，宋晓，傅尚文，等，2024. 2023版《绿色食品　肥料使用准则》（NY/T 394—2023）在绿色食品茶叶生产中的应用 [J]. 中国茶叶，46（5）：67-70.

张迎颖，张志勇，闻学政，等，2017. 生物有机肥农田施用技术分析 [J]. 现代农业科技（23）：161-162，164.

张永杰，韩冰，张晨亮，2022. 生物有机肥对土壤质量及蔬菜产量的影响 [J]. 农业开发与装备（12）：183-184.

张智英，张旺林，张连水，2024. 有机无机肥配施显著改善枣园土壤理化性质及金丝小枣产量和品质 [J]. 湖北农业科学，63（4）：17-23.

张紫玉，2017. 有机肥料利用中的相关问题及对策 [J]. 农业与技术，37（4）：29.

赵兵, 王宇蕴, 陈雪娇, 等, 2020. 磷石膏和石膏对稻壳与油枯堆肥的影响及基质化利用评价 [J]. 农业环境科学学报, 39（10）：2481-2488.

赵龙彬, 2016. 沼渣堆肥参数优化及堆肥利用研究 [D]. 哈尔滨：哈尔滨工业大学.

赵明勇, 陈维洁, 郭维, 等, 2022. 不同有机肥用量对金荞麦产量及品质的影响 [J]. 现代农业科技（20）：43-46.

赵天涛, 梅娟, 赵由才, 2017. 固体废物堆肥原理与技术 [M]. 北京：化学工业出版社.

赵由才, 2006. 固体废物处理与资源化 [M]. 北京：化学工业出版社.

赵云, 凌须美, 汪月霞, 2024. 江苏镇江茶园施肥现状调查与对策分析 [J]. 中国茶叶, 46（12）：69-73.

中国科学技术情报研究所, 1977. 农业科技资料选编 [M]. 北京：科学技术文献出版社.

中国农业科学院土壤肥料研究所, 1962. 中国肥料概论 [M]. 上海：上海科学技术出版社.

中华人民共和国农牧渔业部, 1985. 绿肥 [M]. 北京：农业出版社.

周冰颖, 罗睿, 王焱芸, 等, 2023. 牛粪沼渣好氧曝气对种子发芽指数的影响 [J]. 乡村科技, 14（18）：96-98.

周丹, 王天鸿, 郑少文, 等, 2020. 有机肥和化肥配施对菜豆生长和产量的影响 [J]. 山西农业科学, 48（5）：739-744.

周梦珍, 黄卓莹, 黄海英, 等, 2023. 梅州茶产业发展 SWOT 分析 [J]. 广东茶业（6）：13-15.

祝宗美, 李之林, 2024. 有机肥配施化肥对大蒜产量及效益的影响 [J]. 中国农技推广, 40（2）：81-83.

邹振浩, 沈晨, 李鑫, 等, 2021. 我国茶园氮肥利用和损失现状分析[J]. 植物营养与肥料学报, 27（1）: 153-160.

CHEN L, LI K, SHI W, et al., 2021. Negative impacts of excessive nitrogen fertilization on the abundance and diversity of diazotrophs in black soil under maize monocropping[J]. Geoderma, 393: 114999.

HU X, LIU J, WEI D, et al., 2018. Soil bacterial communities under different long-term fertilization regimes in three locations across the black soil region of Northeast China[J]. Pedosphere, 28（5）: 751-763.

HUANG W, WU J, PAN X, et al., 2021. Effects of long-term strawreturn on soil organic carbon fractions and enzyme activities in adouble-cropped rice paddy in South China[J]. Journal of integrativeagriculture, 20（1）: 236-247.

MDLAMBUZI T, MUCHAONYERWA P, TSUBO M, et al. 2021. Nitrogen fertiliser value of biogas slurry and cattle manure for maize (*Zeamays* L.) production[J]. Heliyon, 7（5）: e07077.

PAN G, ZHOU P, LI Z, et al., 2009. Combined inorganic/organic fertilization enhances N efficiency andincreases rice productivity through organi carbon accumulation in a rice paddy from the Tai Lakeregion, China[J]. Agriculture, Ecosystems & Environment, 131（3）: 274-280.

SINGH R P, 2012. Organic Fertilizers: Types, Production and Environmental Impact[M]. New York: Nova Science Publisher.

YANG H, FANG C, MENG Y, et al., 2021. Long-term ditch-buried strawreturn increases functionality of soil microbial communities[J]. Catena, 202. DOI: 10.1016/j.catena.2021.105316.

YE S, PENG B, LIU T, 2022. Effects of organic fertilizers on growth characteristics and fruit quality in Pear-jujube in the Loess Plateau[J]. Scientific Reports, 12, 13372.

ZHOU J, JIANG X, ZHOU B, et al., 2016. Thirty four years of nitrogen fertilization decreases fungal diversity and alters fungal community composition in black soil in Northeast China[J]. Soil Biology and Biochemistry, 95: 135-143.

附录 1

推荐施肥方法中有机氮与无机氮、有机磷与无机磷用量的比值

附表 1-1　粮食作物推荐施肥方法中有机氮与无机氮、有机磷与无机磷用量的比值

作物	区域	产量（千克/亩）	有机肥用量（千克/亩）	有机氮用量（千克/亩）	有机磷用量（千克/亩）	化学肥料	化学肥料用量（千克/亩）	无机氮用量（千克/亩）	有机氮与无机氮用量比值	无机磷用量（千克/亩）	有机磷与无机磷用量比值
小麦	华北平原旱地中平及中平原灌溉冬麦区	<400	1 000	20	10.0	配方肥(N-P-K为20-15-10)+尿素	(30~35)+(8~10)	9.68~11.60	1.72~2.07	4.50~5.25	1.90~2.22
		400~500					(35~40)+(10~14)	11.60~14.44	1.39~1.72	5.25~6.00	1.67~1.9
		500~600					(40~45)+(14~18)	14.44~15.28	1.31~1.39	6.00~6.75	1.48~1.67
		≥600					(45~50)+(18~20)	15.28~19.20	1.04~1.31	6.75~7.50	1.33~1.48

· 233 ·

（续表）

作物	区域	产量（千克/亩）	有机肥用量（千克/亩）	有机氮用量（千克/亩）	有机磷用量（千克/亩）	化学肥料	化学肥料用量（千克/亩）	无机氮用量（千克/亩）	有机氮与无机氮用量比值	无机磷用量（千克/亩）	有机磷与无机磷用量比值
小麦	华北雨养冬麦区	<350	900	18	9.0	配方肥(N-P-K为25-15-5)+尿素	(15~20)+(8~10)	7.43~9.60	1.88~2.42	2.25~3.00	3.00~4.00
		350~450					(20~25)+(10~12)	9.60~11.77	1.53~1.88	3.00~3.75	2.40~3.00
		450~500					(25~30)+(12~14)	11.77~13.94	1.29~1.53	3.75~4.50	2.00~2.40
		≥500					(30~35)+(14~16)	13.94~16.11	1.12~1.29	4.50~5.25	1.71~2.00
水稻	长江中游双季稻双季早稻	<350	750	15	7.5	尿素+磷酸二铵	(10~12)+(8~15)	6.04~8.22	1.82~2.48		
		350~450					(12~14)+(8~15)	6.96~9.14	1.64~2.16		
		450~550					(14~16)+(8~15)	7.88~10.06	1.49~1.90	3.68~6.90	1.09~2.04
		≥550					(16~18)+(8~15)	8.80~10.98	1.37~1.70		
	单季稻双季晚稻	<400	900	18	9.0	尿素+磷酸二铵	(14~16)+(8~12)	7.88~9.52	1.89~2.28		
		400~500					(16~18)+(8~12)	8.80~10.44	1.72~2.05		
		500~600					(18~20)+(8~12)	9.72~11.36	1.58~1.85	3.68~5.52	1.63~2.45
		≥600					(20~22)+(8~12)	10.64~12.28	1.47~1.69		

（续表）

作物	区域	产量（千克/亩）	有机肥用量（千克/亩）	有机氮用量（千克/亩）	有机磷用量（千克/亩）	化学肥料	化学肥料用量（千克/亩）	无机氮用量（千克/亩）	有机氮与无机氮用量比值	无机磷用量（千克/亩）	有机磷与无机磷用量比值
水稻	长江中下游双季稻一季稻区	<500					(12~14)+(9~14)	7.14~8.96	2.01~2.52		
		500~600	900	18	9.0	尿素+磷酸二铵	(14~16)+(9~14)	8.06~9.88	1.82~2.23		
		600~700					(16~18)+(9~14)	8.98~10.80	1.67~2.00	4.14~6.44	1.40~2.17
		≥700					(18~20)+(9~14)	9.90~11.72	1.54~1.82		
	长江下游单季稻区	<500					(14~20)+(5~7)	7.34~10.46	3.22~2.30	1.91~2.72	3.11~4.35
		500~600	1 000	20	10.0	尿素+磷酸二铵	(18~22)+(7~9)	9.54~11.74	4.14~3.22	1.70~2.10	2.42~3.11
		≥600					(22~36)+(11~13)	12.10~18.90	5.98~5.06	1.06~1.65	1.67~1.98
玉米	东北冷凉春玉米区	<500				配方肥(N-P-K为14-18-13)+尿素	(14~19)+(9~11)	6.10~7.72	1.94~2.46	2.52~3.42	2.19~2.98
		500~600	750	15	7.5		(19~24)+(11~13)	7.72~9.34	1.61~1.94	3.42~4.32	1.74~2.19
		600~700					(24~28)+(13~16)	9.34~11.28	1.33~1.61	4.32~5.04	1.49~1.74
		≥700					(28~34)+(16~18)	11.28~13.04	1.15~1.33	5.04~6.12	1.23~1.49

（续表）

作物	区域	产量（千克/亩）	有机肥用量（千克/亩）	有机氮用量（千克/亩）	有机磷用量（千克/亩）	化学肥料	化学肥料用量（千克/亩）	无机氮用量（千克/亩）	有机氮与无机氮用量比值	无机磷用量（千克/亩）	有机磷与无机磷用量比值
玉米	东北半干旱春玉米区	<450	1 000	20	10.0	配方肥(N-P-K为13-20-12)+尿素	(15~21)+(8~10)	5.63~7.33	2.73~3.55	3.00~4.20	2.38~3.33
		450~600					(21~29)+(10~14)	7.33~10.21	1.96~2.73	4.20~5.80	1.72~2.38
		600~750					(29~34)+(14~16)	10.21~11.78	1.70~1.96	5.80~6.80	1.47~1.72
		≥750					(34~41)+(18~20)	12.70~14.53	1.38~1.57	6.80~8.20	1.22~1.47
	华北及黄淮海夏玉米区	<400	900	18	9.0	配方肥(N-P-K为28-6-9)	26~36	7.28~10.08	1.79~2.47	2.08~2.88	3.13~4.33
		400~600					36~41	10.08~11.48	1.57~1.79	2.88~3.28	2.74~3.13
		600~800					41~46	11.48~12.88	1.40~1.57	3.28~3.68	2.45~2.74
		≥800					46~56	12.88~15.68	1.15~1.40	3.68~4.48	2.01~2.45
大豆	黄淮海地区	160~210	750	15	7.5	尿素+磷酸二铵	(2~3)+(6~10)	2.00~3.18	4.72~7.50	4.72~7.50	1.63~2.72
		210~260					(2~3)+(9~12)	2.54~3.54	4.24~5.91	4.24~5.91	1.36~1.81
		≥260					(2~3)+(12~16)	3.08~4.26	3.52~4.87	3.52~4.87	1.02~1.36
平均值									2.02~2.41		1.88~2.43

附表1-2 蔬菜推荐施肥方法中有机氮与无机氮、有机磷与无机磷用量的比值

蔬菜	品种	产量(千克/亩)	有机肥用量(千克/亩)	有机氮用量(千克/亩)	有机磷用量(千克/亩)	化学肥料	化学肥料用量(千克/亩)	无机氮用量(千克/亩)	有机氮与无机氮用量比值	无机磷用量(千克/亩)	有机磷与无机磷用量比值
	花椰菜		3 000	60	30	尿素+磷酸二铵+过磷酸钙	45+5+50	21.60	2.78	10.80	2.78
	芹菜		3 000	60	30	尿素+配方肥(N-P-K为15-15-15)	15+(20~24)	9.90~10.50	5.71~6.06	3.00~3.60	8.30~10.00
	菠菜		2 500	50	25	磷酸二铵+尿素+过磷酸钙	(20~25)+(45~60)+(10~15)	24.30~32.10	1.56~2.06	10.90~14.05	1.78~2.29
叶菜类	茼蒿		1 500	30	15	尿素+过磷酸钙	55+50	25.30	1.19	8.50	1.76
	大白菜		2 500	50	25	尿素+过磷酸钙	(42~56)+(48~59)	19.32~25.76	1.94~2.59	8.16~10.03	2.49~3.06
	结球甘蓝		3 000	60	30	配方肥(N-P-K为15-15-15)	90~100	13.50~15.00	4.00~4.44	13.50~15.00	2.00~2.22
	叶用莴苣(生菜)		2 500	50	25	硫酸铵+过磷酸钙	(40~50)+(40~50)	8.40~10.50	4.76~5.95	6.80~8.50	2.94~3.68

（续表）

品种		产量（千克/亩）	有机肥用量（千克/亩）	有机氮用量（千克/亩）	有机磷用量（千克/亩）	化学肥料	化学肥料用量（千克/亩）	无机氮用量（千克/亩）	有机氮与无机氮用量比值	无机磷用量（千克/亩）	有机磷与无机磷用量比值
蔬菜	根茎类 萝卜	4 000~7 000	3 000	60	30	配方肥（N-P-K为15-15-15）+尿素+过磷酸钙	（65~70）+（10~15）+（25~30）	14.35~17.40	3.45~4.18	14.00~15.60	1.92~2.14
	胡萝卜		3 500	70	35	过磷酸钙+磷酸二铵+尿素配方肥（N-P-K为15-15-15）	102+（15~20）+（2~3）+（50~75）	11.16~16.23	4.31~6.27	31.74~37.79	0.93~1.10
	瓜果类 黄瓜	7 000~11 000	2 500	50	25	尿素+磷酸二铵	（58~68）+（26~30）	31.36~36.68	1.36~1.59	11.96~13.80	1.81~2.09
		11 000~14 000					（48~61）+（22~26）	26.04~32.74	1.53~1.92	10.12~11.96	2.09~2.47
							（38~51）+（20~24）	21.08~27.78	1.80~2.37	9.20~11.04	2.26~2.72
		14 000~16 000					（29~42）+（15~20）	16.04~22.92	2.18~3.12	6.90~9.20	2.72~3.62

（续表）

蔬菜	品种	产量（千克/亩）	有机肥用量（千克/亩）	有机氮用量（千克/亩）	有机磷用量（千克/亩）	化学肥料	化学肥料用量（千克/亩）	无机氮用量（千克/亩）	有机氮与无机氮用量比值	无机磷用量（千克/亩）	有机磷与无机磷用量比值
瓜果类	西瓜	<3 000					(19~28)+(13~17)	11.08~15.94	3.14~4.51	5.98~7.82	3.20~4.18
		3 000~4 500	2 500	50	25	尿素+磷酸二铵	(14~23)+(9~13)	8.06~12.92	3.87~6.20	4.14~5.98	4.18~6.04
		4 500~6 000					(10~17)+(7~9)	5.86~9.44	5.30~8.53	3.22~4.14	6.04~7.76
葱蒜类	大蒜		3 000	60	30	过磷酸钙+尿素+配方肥(N-P-K为15-15-15)	50+25+(15~25)	13.75~15.26	3.93~4.36	10.75~12.25	2.49~2.79
	大葱		2 500	50	25	过磷酸钙+尿素	(30~40)+(70~75)	32.20~34.5	1.45~1.55	5.10~6.80	3.68~4.90
豆荚类	菜豆		2 000	40	20	过磷酸钙+尿素	(20~35)+(14~22)	6.44~10.12	3.95~6.21	3.40~5.10	3.92~5.88
	豌豆		2 000	40	20	过磷酸钙+尿素	(25~30)+12.5	5.75	6.96	4.25~5.10	3.92~4.71
平均值									3.26~4.14		3.09~3.78

附表1-3 果树推荐施肥方法中有机氮与无机氮、有机磷与无机磷用量的比值

果树	区域	产量（千克/亩）	有机肥用量（千克/亩）	有机氮用量（千克/亩）	有机磷用量（千克/亩）	化学肥料	化学肥料用量（千克/亩）	无机氮用量（千克/亩）	有机氮与无机氮用量比值	无机磷用量（千克/亩）	有机磷与无机磷用量比值
柑橘	长江上中游柑橘带	<1 000					(16~22)+(12~18)	4.80~6.84	4.39~6.25	2.00~2.90	5.17~7.50
		1 000~2 000	1 500	30.0	15.0	配方肥(N-P-K为18-5-22)+配方肥(N-P-K为16-10-16)	(22~35)+(18~25)	6.84~10.30	2.91~4.39	2.90~4.25	3.53~5.17
		2 000~3 000					(35~45)+(25~33)	10.30~13.38	2.24~2.91	4.25~5.55	2.70~3.53
		≥3 000					(45~55)+(33~42)	13.38~16.62	1.81~2.24	5.55~6.95	2.16~2.70
	赣南-湘南-桂北柑橘带	<1 000					(10~15)+(15~20)+(15~23)	4.90~6.90	4.35~6.12	1.85~2.65	5.66~8.11
		1 000~2 000	1 500	30.0	15.0	配方肥(N-P-K为22-11-12)+配方肥(N-P-K为18-5-22)+配方肥(N-P-K为16-10-16)	(15~25)+(20~30)+(23~30)	6.90~10.90	2.75~4.35	2.65~4.25	3.53~5.66
		2 000~3 000					(25~35)+(30~45)+(30~38)	10.90~15.80	1.90~2.75	4.25~6.10	2.46~3.53
		≥3 000					(35~45)+(45~55)+(38~47)	15.80~19.80	1.52~1.90	6.10~7.70	1.95~2.46

（续表）

果树	区域	产量（千克/亩）	有机肥用量（千克/亩）	有机氮用量（千克/亩）	有机磷用量（千克/亩）	化学肥料	化学肥料用量（千克/亩）	无机氮用量（千克/亩）	有机氮与无机氮用量比值	无机磷用量（千克/亩）	有机磷与无机磷用量比值
柑橘	浙-闽-粤柑橘带	<1 000				配方肥(N-P-K为22-11-12)+配方肥(N-P-K为18-5-22)+配方肥(N-P-K为16-10-16)	(10~15)+(16~22)+(15~23)	5.08~7.26	4.13~5.91	1.90~2.75	5.45~7.89
		1 000~2 000	1 500	30.0	15.0		(15~25)+(22~33)+(23~30)	7.26~11.44	2.62~4.13	2.75~4.40	3.41~5.45
		2 000~3 000					(25~33)+(33~44)+(30~38)	11.44~15.18	1.98~2.62	4.40~5.83	2.57~3.41
		≥3 000					(33~40)+(44~50)+(38~47)	15.18~17.80	1.69~1.98	5.83~6.90	2.17~2.57
苹果	环渤海湾苹果产区	1 000~2 000				尿素+磷酸二铵	(16~23)+(11~14)	9.34~13.10	2.75~3.85	5.06~6.44	2.80~3.56
		2 000~3 000	1 800	36.0	18.0		(20~33)+(14~20)	11.72~18.78	1.92~3.07	6.44~9.20	1.96~2.80
		3 000~4 000					(28~41)+(20~25)	16.48~23.36	1.54~2.18	9.20~11.50	1.57~1.96
		4 000~5 000					(37~50)+(25~30)	21.52~28.40	1.27~1.67	11.50~13.80	1.30~1.57

(续表)

果树	区域	产量(千克/亩)	有机肥用量(千克/亩)	有机氮用量(千克/亩)	有机磷用量(千克/亩)	化学肥料	化学肥料用量(千克/亩)	无机氮用量(千克/亩)	有机氮与无机氮用量比值	无机磷用量(千克/亩)	有机磷与无机磷用量比值
苹果	黄土高原产区	500~1 000					(12~18)+(9~11)	7.14~10.26	2.73~3.92	4.14~5.06	2.77~3.38
		1 000~2 000	1 400	28.0	14.0	尿素+磷酸二铵	(15~28)+(11~16)	8.88~15.76	1.78~3.15	5.06~7.36	1.90~2.77
		2 000~3 000					(24~37)+(16~22)	13.92~20.98	1.33~2.01	7.36~10.12	1.38~1.90
		3 000~4 000					(33~46)+(22~27)	19.14~26.02	1.08~1.46	10.12~12.42	1.13~1.38
梨		<2 000	600	12.0	6.0	尿素+磷酸二铵	(9~13)+(6~9)	5.22~7.60	1.58~2.30	2.76~4.14	1.45~2.17
		2 000~4 000					(13~21)+(9~13)	7.60~12.00	1.00~1.58	4.14~5.98	1.00~1.45
桃		<1 500					(13~15)+(11~14)	7.96~10.14	2.47~3.14	5.06~8.28	1.51~2.47
		1 500~3 000	1 250	25.0	12.5	尿素+磷酸二铵	(23~26)+(15~22)	13.28~15.92	1.57~1.88	6.90~10.12	1.24~1.81
		>3 000					(26~29)+(22~26)	15.92~18.02	1.39~1.57	10.12~11.96	1.05~1.24

（续表）

果树	区域	产量（千克/亩）	有机肥用量（千克/亩）	有机氮用量（千克/亩）	有机磷用量（千克/亩）	化学肥料	化学肥料用量（千克/亩）	无机氮用量（千克/亩）	有机氮与无机氮用量比值	无机磷用量（千克/亩）	有机磷与无机磷用量比值
荔枝		盛期树（株产50千克）	60	1.2	0.6	尿素+磷酸二铵	(1.5~2.0)+(0.5~0.7)	0.78~1.05	1.14~1.54	0.23~0.32	1.88~2.61
		初果树	40	0.8	0.4		(0.8~1.2)+(0.2~0.4)	0.41~0.62	1.29~1.95	0.09~0.18	2.22~4.44
北方葡萄		<1 500					(18~24)+(12~22)	10.44~15.00	2.67~3.83	5.52~10.12	1.98~3.62
		1 500~2 000	2 000	40.0	20.0	尿素+磷酸二铵	(24~30)+(22~32)	15.00~19.56	2.04~2.67	10.12~14.72	1.36~1.98
		>2 000					(30~36)+(32~42)	19.56~24.12	1.66~2.04	14.72~19.32	1.04~1.36
平均值									2.31~2.79		2.62~3.07

附表1-4 茶树推荐施肥方法中有机氮与无机氮、有机磷与无机磷用量的比值

茶叶	产量（千克/亩）	有机肥用量（千克/亩）	有机氮用量（千克/亩）	有机磷用量（千克/亩）	化学肥料	化学肥料用量（千克/亩）	无机氮用量（千克/亩）	有机氮与无机氮量比值	无机磷用量（千克/亩）	有机磷与无机磷量比值
春茶绿茶	800	16	8	茶树专用肥（N：P_2O_5：K_2O：MgO=18：8：12：2）+尿素+过磷酸钙	(10~15)+(18~24)+(12~18)	10.08~13.74	1.16~1.59	2.84~5.28	1.52~2.82
绿茶黑茶	600	12	6	茶树专用肥（N：P_2O_5：K_2O：MgO=18：8：12：2）+尿素	(15~25)+(12~15)	8.82~11.58	1.04~1.36	1.20~2.00	3.00~5.00
乌龙茶	800	16	8	茶树专用肥（N：P_2O_5：K_2O：MgO=18：8：12：2）+尿素	(15~20)+(24~30)	13.74~17.40	0.92~1.16	1.20~1.60	5.00~6.67
红茶	600	12	6	茶树专用肥（N：P_2O_5：K_2O：MgO=18：8：12：2）+尿素	(15~20)+(9~12)	6.84~9.12	1.32~1.75	1.20~1.60	3.75~5.00
平均值							1.11~1.47		3.32~4.87	

中华人民共和国农业行业标准

NY/T 394—2023

绿色食品 肥料使用准则

Green food—Fertilizer application guideline

1 范围

本文件规定了绿色食品种植过程中肥料使用原则、肥料种类及使用规定。

本文件适用于绿色食品种植过程中肥料的使用和管理。

2 规范性引用文件

下列文件中的内容通过文中的规范性引用而构成本文件必不可少的条款。其中，凡是注明日期的引用文件，仅该日期对应的版本适用于本文件；不注明日期的引用文件，其最新版本（包括所有的修改单）适用于本文件。

GB/T 15063 复合肥料

GB/T 17419 含有机质叶面肥料

中华人民共和国农业农村部 2023-12-22 发布　　2024-05-01 实施

GB/T 18877　　有机无机复混肥料

GB 20287　　农用微生物菌剂

GB/T 23348　　缓释肥料

GB/T 34763　　脲醛缓释肥料

GB/T 35113　　稳定性肥料

GB 38400　　肥料中有毒有害物质的限量要求

HG/T 5045　　含腐植酸尿素

HG/T 5046　　腐植酸复合肥料

HG/T 5049　　含海藻酸尿素

HG/T 5514　　含腐植酸磷酸一铵、磷酸二铵

HG/T 5515　　含海藻酸磷酸一铵、磷酸二铵

NY/T 391　　绿色食品　产地环境质量

NY/T 525　　有机肥料

NY/T 798　　复合微生物肥料

NY 884　　生物有机肥

NY/T 1107　　大量元素水溶肥料

NY/T 1868　　肥料合理使用准则　有机肥料

NY/T 3442　　畜禽粪便堆肥技术规范

3　术语和定义

下列术语和定义适用于本文件。

3.1

AA级绿色食品　AA grade green food

产地环境质量符合NY/T 391的要求，遵照绿色食品标准生产，生产过程中遵循自然规律和生态学原理，协调种植业和养殖业的平衡，不使用化学合成的肥料、农药、兽药、渔药、添加剂等物质，产品质量符合绿色食品产品标准，经专门机构许可使用绿色食

品标志的产品。

3.2

A级绿色食品　A grade green food

产地环境质量符合NY/T 391的要求，遵照绿色食品标准生产，生产过程中遵循自然规律和生态学原理，协调种植业和养殖业的平衡，限量使用限定的化学合成生产资料，产品质量符合绿色食品产品标准，经专门机构许可使用绿色食品标志的产品。

3.3

农家肥　farmyard manure

在农业生产过程中就地取材，利用各种植物残茬、动物粪便等有机物料堆沤腐熟而成的肥料。

3.4

有机肥料　organic fertilizer

主要来源于植物和/或动物，经过发酵腐熟的含碳有机物料，其功能是改善土壤肥力、提供植物养分、提高作物品质。

［来源：NY/T 525—2020，3.1］

3.5

无机肥料　inorganic fertilizer

由提取、物理和/或化学工业方法制成的，标明养分呈无机盐形式的肥料。

［来源：NY/T 6274—2016，2.1.6］

3.6

有机无机复混肥料　organic inorganic compound fertilizer

含有一定量有机肥料的复混肥料。

[来源：GB/T 18877—2020，3.1]

3.7

微生物肥料 microbial fertilizer

含有特定微生物活体的制品，应用于农业生产，通过其中所含微生物的生命活动，增加植物养分的供应量或促进植物生长，提高产量，改善农产品品质及农业生态环境。

[来源：NY/T 1113—2006，2.1]

3.8

水溶肥料 water-soluble fertilizers

经水溶解或稀释，用于灌溉施肥、叶面施肥、无土栽培、浸种蘸根等用途的液体或固体肥料。

[来源：NY/T 1107—2020，3.1]

4 使用原则

4.1 土壤健康原则。坚持有机与无机养分相结合，提高作物秸秆、畜禽粪便循环利用比例，通过增施有机肥料或农家肥改善土壤物理、化学与生物学性质，提高农田土壤有机质含量，对存在障碍因素的土壤合理施用土壤调理剂，构建健康土壤。

4.2 化肥减控原则。在保障养分充足供给的基础上，无机氮素和磷素用量不得高于当季作物需求量的一半，根据有机肥料或农家肥钾素投入量相应减少无机钾肥施用量，因地制宜地补充中微量元素。推荐使用作物专用肥，结合水肥一体化、侧深施肥和机械一次性施肥等技术措施，提高肥料利用效率，合理减少化肥使用量。

4.3 有机肥施用原则。根据土壤性质、作物需肥规律、肥料特征，合理施用有机肥料或农家肥，保障作物产量和品质。

4.4 安全优质原则。使用安全、优质的肥料产品，肥料的使用不应对作物感官、安全和营养等品质以及环境造成不良影响。

4.5 生态绿色原则。增加轮作、填闲作物、生草覆盖，重视绿肥特别是豆科绿肥栽培，增加生物多样性与生物固氮，阻遏养分损失。

5 可使用的肥料种类

5.1 AA级绿色食品生产可使用的肥料种类

可使用农家肥、有机肥料、微生物肥料。

5.2 A级绿色食品生产可使用的肥料种类

除5.1规定的肥料外，还可以使用有机无机复混肥料、无机肥料。

6 禁止使用的肥料种类

6.1 未经发酵腐熟的人畜粪尿。

6.2 生活垃圾、污泥和含有害物质（如病原微生物、重金属、有害气体等）的垃圾。

6.3 成分不明确或含有安全隐患成分的肥料。

6.4 添加有稀土元素的肥料。

6.5 国家法律法规规定禁用的肥料。

7 使用规定

7.1 AA级绿色食品肥料使用规定

7.1.1 应选用农家肥、有机肥料、微生物肥料，不应使用化学合成肥料。

7.1.2 农家肥和堆肥应该符合NY/T 3442的要求，宜利用秸秆和绿肥，配合施用具有生物固氮、腐熟秸秆、促进生长等有益功效的微生物肥料。肥料的重金属限量指标、粪大肠菌群数、蛔虫卵死亡率应符合 GB/T 38400 要求。

7.1.3 有机肥料应符合 NY/T 525 或 GB/T 17419 的要求，按照 NY/T 1868 的规定合理使用。根据肥料性质（养分含量、碳氮比、腐熟程度）、作物种类、土壤肥力水平和理化性质、气候条件等选择肥料品种，可配合施用腐熟农家肥和微生物肥料。

7.1.4 微生物肥料应符合 GB 20287、NY 884 或 NY/T 798 的要求，可与农家肥、有机肥料和微生物肥料配合施用，用于拌种、基肥或追肥。

7.1.5 无土栽培可将农家肥、商品有机肥料和微生物肥料掺混在基质中使用。

7.2　A 级绿色食品肥料使用规定

7.2.1 应选用农家肥、有机肥料、微生物肥料、有机无机复混肥和无机肥料。

7.2.2 农家肥的使用按 7.1.2 规定执行。

7.2.3 有机肥料的使用按 7.1.3 规定执行，可配施农家肥、有机肥料、微生物肥料、有机无机复混肥和无机肥料。

7.2.4 微生物肥料的使用按 7.1.4 规定执行，可配施农家肥、有机肥料、微生物肥料、有机无机复混肥和无机肥料。

7.2.5 无机肥料、有机无机复混肥料、水溶肥料应符合 GB/T 15063、GB/T 18877、GB/T 23348、GB/T 34763、GB/T 35113、HG/T 5045、HG/T 5046、HG/T 5049、HG/T 5514、HG/T 5515、NY/T 1107 等的要求。